Ángela Pinzón Pinto

Apuntes sobre Física de Suelos II

Ángela Pinzón Pinto

Apuntes sobre Física de Suelos II

Profundización de los procesos físicos del suelo

Editorial Académica Española

Imprint
Any brand names and product names mentioned in this book are subject to trademark, brand or patent protection and are trademarks or registered trademarks of their respective holders. The use of brand names, product names, common names, trade names, product descriptions etc. even without a particular marking in this work is in no way to be construed to mean that such names may be regarded as unrestricted in respect of trademark and brand protection legislation and could thus be used by anyone.

Cover image: www.ingimage.com

Publisher:
Editorial Académica Española
is a trademark of
Dodo Books Indian Ocean Ltd. and OmniScriptum S.R.L publishing group

120 High Road, East Finchley, London, N2 9ED, United Kingdom
Str. Armeneasca 28/1, office 1, Chisinau MD-2012, Republic of Moldova, Europe
Printed at: see last page
ISBN: 978-620-3-03169-0

APUNTES SOBRE
FÍSICA DE SUELOS II

Angela Pinzón Pinto

FÍSICA DE SUELOS II

Angela Pinzón Pinto

A
Alberto y Sebastián

No puedes esperar construir un mundo mejor sin mejorar a las personas; con ese fin cada uno de nosotros debe trabajar para su propio mejoramiento, y al mismo tiempo compartir una responsabilidad general con la humanidad. Nuestro deber particular es ayudar a aquellos que creemos pueden ser más útiles.

Marie Curie.

Los recientes avances no solo en la teoría concerniente al estudio de los suelos sino en las técnicas y metodologías de análisis de los constituyentes y los procesos que entre éstos tienen lugar, propicia el interés de la autora en dar a conocer y comentar los recientes avances obtenidos por connotados autores de esta disciplina, al igual que los resultados de investigaciones que la autora ha adelantado en la física de suelos. No solo las ideas y hallazgos de estos científicos son interesantes, sino que ameritan un juicioso análisis, interpretación y aplicación en procura del mejoramiento de las condiciones de uso del recurso suelo en el mundo actual.

CONTENIDO DEL LIBRO

NOTA DE
LA AUTORA

Se necesita un cambio fundamental en el conocimiento, para entender y manejar los sistemas complejos de los suelos. La nueva cosmovisión sobre la naturaleza se basa en la conservación y evolución, un vínculo íntimo entre la organización interna y la función del sistema y los impactos antropogénicos.

Se sugiere una profundización de los procesos físicos para mejorar la comprensión, la complejidad del suelo, incluyendo: a) la organización interna en lugar de la externalidad de los suelos en respuesta a las perturbaciones; b) síndrome de número medio, consistentes en sistemas demasiado complejos para la analítica clásica y demasiado organizados para el tratamiento estadístico, c) herramientas y metodologías convencionales utilizadas hasta ahora para investigar los parámetros físicos del suelo han sido de uso limitado debido a su naturaleza invasiva o baja resolución y d) tomamos el suelo como un todo sin observar minuciosamente los diferentes microprocesos que ocurren en él y se necesita un conocimiento exacto de los fenómenos que ocurren en los diferentes tipos de suelos.

Los suelos son un gran sujeto para el estudio de la complejidad y la sostenibilidad, donde prevalecen los ciclos no cerrados y la termodinámica irreversible. Sin embargo, la vulnerabilidad del suelo ante el cambio climático global y las amenazas antropogénicas no tiene precedentes. Si no se ajustan las tendencias actuales del uso de la tierra podemos correr el riesgo de perder los suelos para la sostenibilidad. Necesitamos investigadores e investigaciones innovadoras para construir mejores sistemas que estén en armonía con los suelos y con ecosistemas funcionales.

La última gran esperanza de evitar el cambio climático catastrófico puede residir en un material tan común que normalmente lo ignoramos o caminamos sobre él: "el suelo". La salud humana y la salud del suelo parecen ir de la mano.

PRÓLOGO

Casi como un lugar común, ya se acepta en muchos círculos de pensadores ambientales que el suelo es el gran desconocido de la dimensión ambiental del desarrollo. Lo es, en alguna medida, en las ciencias de la tierra. Muchos geógrafos, agrónomos, ingenieros forestales, biólogos e incluso ingenieros civiles (que pertenecen a otros círculos epistemológicos), aún inician y finalizan sus tareas profesionales sin percatarse de las potencialidades y limitaciones que el suelo, en tanto bien natural, presenta para diversas actividades humanas.

Este relativo desconocimiento del cuerpo natural que sustenta todas las actividades de la vida en las superficies continentales, genera, por una parte, errores en la planificación de actividades productivas o de intervenciones de infraestructura y por otra, abandonos paulatinos del ejercicio de pensarlo.

Cuando se desconocen las características básicas del suelo, cuando se desdeña su morfología y se hace caso omiso de sus propiedades mineralógicas, físicas, químicas o biológicas y se destierra de la geografía nacional (como pasa ahora mismo en Colombia) a los profesionales que saben reconocer, mapear e interpretar estas magníficas cualidades del sustento terrestre de la vida, entonces los planificadores del territorio y los emprendedores de empresas vastas que construyen puentes, carreteras, edificios o hidroeléctricas, se topan de frente con fenómenos para ellos desconocidos y en muchos casos sin solución. Tómese nota acá, por ejemplo, de lo que ha ocurrido recientemente en el país con las obras de la mega obra Ituango, cuyos cimientos pasaron por alto las condiciones edáficas y pedológicas de las tierras que circundan su represa y que originan movimientos en masa, colocando en riesgo tanto la hidroeléctrica como la vida y el bienestar de miles de personas a lo largo de las orillas antioqueñas del río Cauca.

No es tanto que se les haya olvidado a estos constructores estudiar las fallas geológicas o que no hubiesen hecho los correctos cálculos del caudal o de las fuerzas implicadas en las corrientes, sino que omitieron, quizás por considerarlo de baja importancia, los estudios de suelo que bien hubieran podido advertir sobre su susceptibilidad a erosionarse o a moverse en masa. Lo que cae a la hidroeléctrica de Ituango no son pedazos de rocas sólidas o minerales deleznables. No. Lo que se desprende de esas laderas caucanas es el suelo mismo. Es ese desconocido cuerpo natural que se ha meteorizado por acción de los factores formadores y que se ha convertido en una amenaza para este tipo de obras porque nadie repara en que su profundidad, su textura, su conductividad hidráulica, su permeabilidad o su estructura, son elementos que juegan a favor o en contra de su arraigo en las pronunciadas laderas de la geografía nacional y que tales propiedades se convierten en riesgos o en magníficas posibilidades productivas al tenor de los distintos usos de la tierra a los que son sometidos.

Por lo tanto el suelo, en tanto edafón, en tanto ped, recurso o ecosistema en sí mismo, necesita ser considerado en todas las acciones productivas, ingenieriles, de intervención, de conservación o de "desarrollo" que emprendan los seres humanos.

Como corolario inmediato, se desprende de esta breve premisa, que el suelo también necesita ser pensado.

Pensar el suelo como parte fundamental de los ecosistemas terrestres, por ejemplo, es abrirle paso a la comprensión de su papel ambiental. Es entenderlo como el cuerpo que recibe y transforma toda la materia orgánica de este planeta. Que sin él, la vida no sería posible y en su lugar los cadáveres de plantas y animales se acumularían sin fin en masas informes y estériles. No habría asimilación de carbono ni regulación del flujo del agua, no habría alimentos para las plantas, no habría campos de cultivo y por tanto nada podría florecer o ser cosechado.

Y entonces, es obligatorio pensar el suelo en su naturaleza y constituyentes íntimos. Pensarlo como el gran transformador de la materia orgánica, como una interfase de vida en la que terminan y se inician los ciclos biogeoquímicos, pensarlo como un gigantesco anión, pensarlo como un recurso natural diariamente renovable. Puede ser pensado desde la antropología, la filosofía, la historia, la economía o las ciencias sociales y de esta manera pasará de ser un sustrato vivo a un camino de huestes guerreras o a un recurso que genera valor y plusvalía y acaparamiento y codicias y guerras.

Igualmente pensar al suelo es pensarlo en sus partes íntimas y profundas y acercarse a su química, a su biología, a su mineralogía o a sus extraordinarias propiedades físicas que lo hacen un medio poroso, una red de conexiones. Y esto es, precisamente, lo que plantea la profesora Ángela Pinzón Pinto en este libro que más que un tratado de física de suelos, es una invitación a repensar el edafón y el ped desde una epistemología de las ciencias positivas.

No hay nada de qué preocuparse por la lente elegida por la autora. Al contrario, hay que celebrar la manera en que se sumerge y con ella al lector, en una revisión de los fundamentos de la física de suelos y presenta los nuevos desarrollos que acompañan a los viejos y conocidos conceptos elaborados mucho tiempo atrás, en el mediodía del siglo XX.

La profesora Pinzón nos presenta con un lenguaje claro y concreto los desarrollos de las nuevas tecnologías para describir las relaciones del carbono orgánico con su estabilidad estructural, consistencia, textura y capacidad de retención de agua. Nos repasa la formación múltiple de la estructura, incluyendo sus profundos vínculos biológicos, e incluye, para la mejor comprensión de los lectores, una serie de imágenes tomadas con tecnologías de punta, que permiten observar las relaciones de la estructura con diversos procesos y propiedades del medio edáfico y con distintos usos de la tierra.

También nos introduce en concepciones nuevas del espacio poroso, ese fenómeno tan esquivo a la observación macroscópica pero que la profesora nos enseña a través de distintas técnicas de tinción y de tomografía computarizada, en imágenes que revelan un suelo diferente al que la tradición o la costumbre nos acostumbró a ver.

Para dejarle algo al lector ávido de conocimientos, sólo queda por invitarlos a leer el último capítulo sobre dinámica de suelos en la que la autora discute nuevos acercamientos a las relaciones del agua por los vericuetos de la red porosa de los suelos.

Este último concepto, lo utiliza la profesora Pinzón para una reflexión final en la que aduce la importancia de repensar los paradigmas en los que se ha construido hasta ahora la física de suelos, para, en sus palabras "... enfrentar los muchos desafíos de la sociedad en la producción de alimentos, la hidrología, la calidad del agua, la bioenergía y el cambio climático...". A esto solamente cabría agregar que estos cambios de paradigma sirven para acercar esta ciencia a los caminos interdisciplinarios que debaten el destino de la humanidad, pero que requieren, en últimas que se piensen de nuevo las bases sobre las cuales se construyen los edificios de la ciencia.

En síntesis, el libro de la agróloga María Ángela Pinzón Pinto, coloca un peldaño nuevo en la reflexión necesaria que deben hacer los físicos de suelo, no solo para repensar los paradigmas en que se asientan sino como un ejercicio necesario para interrogarse sobre técnicas, metodologías y aplicaciones de esta rama de la ciencia del suelo, que incitan a creer que se pueden abrir con ello nuevos caminos. Como dice Martin Heidegger "...solo cuando nos volvemos con el pensar hacia lo ya pensado, estamos al servicio de lo por pensar...".

Tomás León Sicard,
Agrólogo Dr.
Agosto de 2018

01

MATERIA
ORGÁNICA

INTRODUCCIÓN

Desde los tiempos más antiguos la materia orgánica ha sido considerada como el principio de la nutrición vegetal; hoy en día se considera mediombiental debido a que está relacionada con el almacenamiento de carbono orgánico en los suelos y con la manera como ella controla el efecto invernadero. Las propiedades físicas, como otras propiedades del suelo, están muy ligadas a la cantidad, calidad y tiempo de descomposición de la MO; por ello, es importante conocer y entender cómo es la relación de la MO con las propiedades físicas. ∎

Por la diversidad de sus orígenes y de su composición la MO aporta al suelo gran cantidad de nutrientes debido a las numerosas reacciones que ocurren tanto entre sustancias orgánicas como con compuestos minerales (Andreux, 2005). Tales reacciones tienen lugar desde la etapa inicial de la formación del suelo y continúan a lo largo de su pedogénesis. La magnitud de los procesos depende del tipo de suelo, su estado de desarrollo, junto con varios factores tanto edáficos como climáticos, tipo de vegetación y presencia de la biota del suelo, como también del conocimiento y el valor que le da el hombre a este recurso.

La materia orgánica cumple varias funciones dentro del suelo, entre ellas: juega un papel preponderante en los procesos pedogenéticos, en la formación de sus agregados, y también es muy importante en la solubilidad y movilidad de cationes metálicos y en las reacciones de complejación.

A continuación, se discuten algunos factores que afectan la relación entre el carbono orgánico (CO) como constituyente de la MO del sueloy las propiedades físicas de este.

IMPACTO DE LA MATERIA ORGÁNICA SOBRE EL FUNCIONAMIENTO DE LAS PROPIEDADES FÍSICAS DEL SUELO

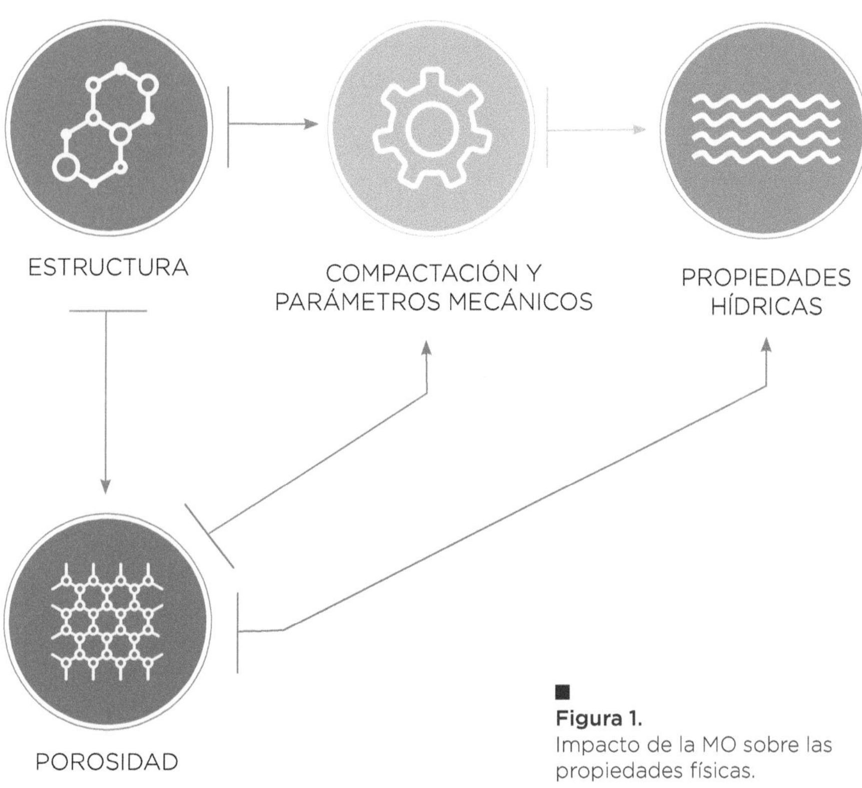

Figura 1.
Impacto de la MO sobre las
propiedades físicas.

LOS GRADOS EN QUE CAMBIAN LAS CONCENTRACIONES DE CO DEL SUELO AFECTAN SUS PROPIEDADES FÍSICAS DEPENDIENDO DE VARIOS FACTORES DE INTERACCIÓN INCLUIDO EL CLIMA, CANTIDAD Y COMPONENTES DEL CARBÓN ORGÁNICO, TIPO DE SUELO, CLASES DE TEXTURA Y MANEJO DEL CULTIVO, ENTRE OTROS.

IMPACTO DEL CO

sobre las propiedades fisicas del suelo y su comportamiento

Prácticas de manejo, incluyendo labranza, sistemas de cultivos, remoción de residuos de cultivos, alteran la concentración del CO en el suelo y los cambios en la concentración del mismo, pueden cambiar los atributos físicos del suelo y su productividad. Las partículas orgánicas del suelo interactúan con las partículas inorgánicas para promover su agregación, incrementar la porosidad y estabilizar la estructura del suelo (Kay, 1997).

La MO tiene gran influencia en la estructura, en el ciclo de C, en los procesos biológicos del suelo y otros servicios en el ecosistema. La remoción o adición de los residuos de cosechas da entrada a una dinámica del carbón orgánico en el suelo; por una parte, los residuos de cosecha son necesarios para conservar el suelo y el agua, reducen la erosión hídrica y eólica y mantienen la concentración de carbón orgánico del suelo (Wilhelm, 2004). La relación del CO del suelo y el manejo de residuos de cosecha se presenta en la figura 2.

Los grados en que cambian las concentraciones de CO del suelo afectan sus propiedades físicas dependiendo de varios factores de interacción incluido el clima, cantidad y componentes del carbón orgánico, tipo de suelo, clases de textura y manejo del cultivo, entre otros. Por ejemplo, la interacción del clima con el cultivo, el arado y tipo de cosecha, influyen directamente en el tipo de residuo y también sobre la descomposición de la materia orgánica, y ante todo sobre los nuevos nutrientes que puede aportar al suelo (Benjamin, 2008). Se debe tener en cuenta que no toda la MO de los residuos de cosecha aporta grandes cantidades de nutrientes.

El carbón orgánico lábil, puede influir más en la macroagregación del suelo que carbón orgánico total; sin embargo, el CO lábil puede ser más sensible al manejo agrícola que el CO total. Los agregados cercanos a la superficie del suelo pueden ser muchas veces más estables y mejor aprovechados

LA **MO** TIENE GRAN INFLUENCIA EN LA ESTRUCTURA, EN EL CICLO DE C, EN LOS PROCESOS BIOLÓGICOS DEL SUELO Y OTROS SERVICIOS EN EL **ECOSISTEMA.**

por la fracción lábil de CO (Bell et al., 1998; Haynes, 2005). Dexter (2008), sugiere el término "carbono orgánico complejado" que es la relación entre 1g de C orgánico y n gramos de arcilla"; esta relación domina los efectos de CO sobre las propiedades físicas de la matriz del suelo con relación a la cantidad total de CO del éste.

La influencia del manejo inducido de residuos del CO puede ser positiva o negativa en la respuesta físico del suelo, especialmente en su estabilidad estructural, compactación, y relaciones agua-suelo; los cambios en estas propiedades físicas y la concentración de CO han sido temas de discusión por varios autores, pero muy poco documentados. Las correlaciones entre la estructura del suelo y la concentración de CO han sido reportadas, pero la información es fragmentaria y no ha sido presentada en un sistema común aplicado al manejo de residuos de cosecha. Las relaciones entre el carbón orgánico del suelo y el manejo de residuos orgánicos se muestran en la figura 2.

Los numerosos efectos benéficos del CO en diferentes propiedades físicas del suelo apoyan la necesidad de niveles óptimos de mantenimiento del CO a través de una cosecha anual de residuos y el uso de la no labranza para mantener y mejorar el suelo.

El residuo del mulch mejora las propiedades físicas del suelo, no solo porque incrementa la concentración del CO, sino también porque protege la superficie del suelo de las fuerzas de erosión por la lluvia y de las fluc-tuaciones abruptas de la temperatura, ciclos de congelamiento, mojado y secado del suelo. ■

Figura 2.
Relaciones entre el carbón orgánico
del suelo y el manejo de residuos
de cosecha. (Benjamin)

 MANEJO DE RESIDUOS

 SISTEMAS DE LABRANZA
Y DE CULTIVO

 CALIDAD Y CANTIDAD
DE CO EN EL SUELO

 CALIDAD Y CANTIDAD
DE RESIDUOS

 CARACTERÍSTICAS
INTRÍNSECAS DEL SUELO

 ANÁLISIS QUÍMICOS Y FÍSICOS
DE LOS RESIDUOS

 CONDICIONES
CLIMÁTICAS

En general, el incremento de la concentración de CO a través del adecuado manejo de los residuos de cosecha puede no solo reducir las emisiones de C de la atmósfera, sino también contribuir con ciclo de nutrientes, y mejorar las propiedades físicas del suelo. Para que lo anterior se cumpla es importante conocer las propiedades físicas, químicas y biológicas del suelo, y también la calidad y cantidad de vegetación incorporada y reconocer el tipo y composición de la materia orgánica aportada al suelo.

LA INFLUENCIA DEL **MANEJO INDUCIDO DE RESIDUOS** DEL CO PUEDE SER POSITIVA O NEGATIVA EN LA RESPUESTA FÍSICO DEL SUELO, ESPECIALMENTE EN SU ESTABILIDAD ESTRUCTURAL, COMPACTACIÓN, Y RELACIONES AGUA-SUELO; LOS CAMBIOS EN ESTAS PROPIEDADES FÍSICAS Y LA CONCENTRACIÓN DE CO HAN SIDO TEMAS DE DISCUSIÓN POR VARIOS AUTORES, PERO MUY POCO DOCUMENTADOS.

EFECTOS DEL CARBÓN ORGÁNICO

SOBRE LA CLASE TEXTURAL

La distribución del tamaño de partícula del suelo es uno de los mayores factores que influye en el grado de impacto de CO en las propiedades físicas. Por ejemplo, un incremento en el contenido de arcilla puede alterar o disminuir los beneficios del CO en el comportamiento del suelo (Kay, 1997; Saxton y Rawls 2006). La interacción del CO con las partículas de arcilla, forma una combinación órgano-mineral, creando agregados más estables (Malamoud, 2009).

La caolinita, mineral arcilloso dominante en muchos suelos de los trópicos, tiene una superficie específica y una capacidad de intercambio de nutrientes menor que la mayoría de los otros minerales arcillosos; por lo tanto, los suelos caoliníticos contienen considerablemente menos complejos arcillo-húmicos que otros suelos. Además, las sustancias húmicas lábiles desprotegidas son vulnerables a la descomposición bajo condiciones adecuadas de humedad del suelo; por lo tanto, es difícil mantener en los suelos caoliníticos cultivados en estos ambientes altos niveles de MO, dado que las condiciones climáticas y del suelo favorecen su rápida descomposición.

En términos de suelo de textura gruesa -arenosos, probablemente la disminución de la cantidad de CO en las partículas de arena de suelo se debe a una reducción de su superficie específica (Stein 2015).

Reportes en la literatura consideran que los efectos en la estructura del suelo en un modelo de parámetros dependen también de la textura del suelo, de la mineralogía de las arcillas y el contenido de MO, siendo esta fuertemente afectada por el arado.

Para cada grupo de mineralogía de arcilla el contenido de MO y su influencia en el índice estructural es similar a la contribución del contenido y tipo de arcilla, pero con una magnitud relativamente mayor para el suelo esmectítico bajo las influencias de humedecimiento rápido.

SOBRE LA ESTRUCTURA Y LA ESTABILIDAD ESTRUCTURAL

La estabilidad estructural del suelo describe la habilidad de este para conservar su arreglo y espacio poroso cuando actúan sobre él fuerzas externas. Las condiciones estructurales del suelo y su estabilidad son críticas para entender la influencia de la estructura en la porosidad, régimen de nutrientes en la raíz, propiedades hidráulicas del suelo y procesos de transporte de la solución del suelo en los macroporos.

Residuos de cosecha o enmiendas de tipo animal pueden tener impacto sobre la estructura, dependiendo del tipo y calidad de la enmienda. La pérdida de CO, o su remoción puede ocasionar efectos positivos y negativos sobre la estabilidad de la estructura y por lo tanto en otras propiedades físicas del suelo.

La estabilidad de los agregados disminuye con el decrecimiento de CO; los principales mecanismos por los cuales el residuo de cosecha reduce la estabilidad de los agregados en húmedo, se debe a la reducción de los enlaces orgánicos, causando la disgregación del suelo. En otros casos, los constituyentes de la materia orgánica del suelo reaccionan con cationes polivalentes, óxidos, y aluminosilicatos, formando componentes complejos que estabilizan los agregados, lo cual impide la degradación del suelo. Los agregados débiles almacenan menos CO que los agregados más estables; los macroagregados protegen el CO especialmente lábil y el CO joven amarra y reorganiza los microagregados (Puget et al., 2005).

La asociación de residuos derivados de materiales orgánicos con partículas minerales incrementa su descomposición; los exudados microbiológicos reaccionan con partículas de arcillas que llenan los espacios intraagregados, espacios porosos y cementa los puntos de contacto entre partículas orgánicas e inorgánicas del suelo, incrementando la estabilidad de los agregados.

Los agregados de distintos tamaños son estabilizados por diferentes mecanismos, y responden de forma diferente frente a la lluvia, al viento, al riego y otras prácticas agronómicas. Un análisis completo de la estabilidad de los agregados del suelo requiere su caracterización a nivel de macro- y micro-agregados, para lograr entender el estado del suelo frente a otros de sus atributos como son: porosidad, retención de agua y de nutrientes, como también la exploración de raíces. Anteriormente se decía que mayoría de los suelos se comportaban homogéneamente y que eran muy estables, especialmente refiriéndose a los macroagregados; hoy las nuevas teorías enfatizan que el comportamiento de los macro y microagregados es diferente y que unos y otros solo tienden a estabilizarse cuando ocurre un periodo de descanso del suelo; por tanto, la combinación de pruebas de estabilidad de macro y microagregados es un procedimiento consistente y necesario para entender la estabilidad estructural de los suelos.

SOBRE LA DENSIDAD APARENTE DEL SUELO

La densidad aparente es sensible a los cambios y naturaleza del CO en el suelo. Algunos autores (Benites et al, 2007; Ruehlmann y Körschens, 2009; Kaur et al, 2002), citan un número de funciones de pedotransferencias para predecir la densidad aparente cuando hay cambios en la concentración de CO; la densidad aparente puede crecer lineal o exponencialmente de acuerdo con los contenidos de carbono orgánico; cambios en la concentración de CO pueden influir en los riesgos de compactación.

Cambios en la densidad aparente y concentración de CO del suelo pueden ocurrir rápidamente después de adicionar residuos de cosecha; además se pueden alterar otras propiedades del suelo como la porosidad, el movimiento de la solución del suelo y la edafofauna. Como resultado de bajos niveles de CO, la densidad aparente presenta un fenómeno denominado por Benites et al (2007), "efecto dilución" el cual suministra elasticidad a todo el suelo. Soane (1990) usa el término "factor de relajación", que explica un comportamiento de resorte de los residuos de mulch y de los componentes de la descomposición de la materia orgánica, lo cual modificaría otras propiedades del suelo.

Suelos con mayor cantidad de CO son más resilentes y tienen mayor "factor de relajación" que los de baja cantidad de CO; la materia orgánica también cambia la resistencia o fuerza de los enlaces de las cargas eléctricas entre los puntos de contacto intraagregados entre partículas orgánicas e inorgánicas, lo cual puede cambiar el comportamiento de la matriz del suelo. El residuo adicional de la cosecha reduce la compactación por incremento de la concentración de MO.

SOBRE LA CONSISTENCIA DEL SUELO

Cambios en la concentración de CO en el suelo pueden afectar su consistencia; los límites de Atterberg (límite líquido, límite plástico) son parámetros muy importantes para evaluar también la resistencia, riesgos de compactación anta la labranza. El carbono orgánico del suelo y otras propiedades, como contenidos de arcilla y cationes intercambiables influyen en el índice de plasticidad; esta asociación incrementa la capacidad de adsorción del agua lo cual influye directamente en los límites líquido y plástico; en algunos suelos la correlacione entre la concentración de CO y la consistencia del suelo puede ser muy frágil debido al tipo y naturaleza de la materia orgánica, al tipo de suelo, a los minerales y al tipo de arcilla (Saxton y Rawls, 2006).

Los límites de consistencia permiten describir el comportamiento mecánico, actual o potencial, de los procesos geomorfológicos y pedológicos de acuerdo a diferentes contenidos de humedad. Son criterios importantes en la geomorfología de los movimientos en masa; están relacionados con la granulometría y la mineralogía de los materiales; por lo general, materiales arcillosos son mayormente susceptibles a deslizamientos, mientras que materiales de limo y arena fina son más propensos a solifluxión. Un bajo índice de plasticidad hace el material más susceptible a licuefacción, con riesgo de generar flujos de lodo.

SOBRE LAS PROPIEDADES HIDRÁULICAS

El impacto adverso por la pérdida de la CO debido a la remoción de los residuos de cosecha sobre suelos compactados y sobre la estabilidad de su estructura, puede resultar en degradación de las propiedades hidráulicas; bajos contenidos de CO pueden reducir la macro y micro-porosidad del suelo, la retención de agua y la conductividad hidráulica saturada y no saturada. Residuos derivados del CO interactúan con las partículas del suelo y de este modo modifican las características y arquitectura de los poros e incrementan la superficie específica del suelo. Los aportes de los residuos de CO, estimulan la actividad de los organismos del suelo; por ejemplo, las lombrices crean conductos llamados bioporos, que permiten que el agua y la solución del suelo tengan una mayor velocidad.

Agregados débiles con poca concentración de CO cerca de la superficie del suelo son propensos al debilitamiento, lo cual sella la superficie del suelo y causa obstrucción de los macroporos, ocasionando la reducción de la infiltración y una menor movilidad de las raíces. Algunos de los residuos derivados de la MO presentan propiedades hidrofóbicas que reducen, y en la mayoría de los casos inhiben, la humectación de los agregados (fig. 3); dichos componentes orgánicos que repelen el agua abrigan las paredes de los macroporos impidiendo que esta penetre; en este caso, los microorganismos resultan afectados por el oxígeno y demás gases que quedan atrapados en los poros más finos. ∎

Interacciones entre CO, repelencia al agua, tamaño de agregado, y distribución de tamaño de poro, son los mecanismos que determinan la transmisión de agua y las características de retención de ésta en el suelo. Los macroagregados y microagregados influyen de manera diferente en el movimiento y retención de agua retención de agua en el suelo porque ya que los últimos albergan más cantidad de CO que ayuda a la retención de agua principalmente; por ello, la física moderna esta enfatizando en la profundización de su estudio.

Figura 3.
Proceso de humedecimiento de un suelo extremadamente repelente al agua.
(estereomicroscopio con aumento de 2.5x.) (Pinzón A)

Los suelos arcillosos normalmente tienen una conductividad hidráulica menor que los suelos de mediana textura. Las propiedades hidráulicas de suelos arcillosos pueden ser menos sensibles a los pequeños cambios de las concentraciones de CO que los suelos arenosos, pero grandes aumentos en las concentraciones de CO pueden afectar las propiedades hidráulicas sin tener en cuenta la textura.

Zhuang et al (2008), observó que los microporos llenos con MO causan histéresis; la implicación es que los microporos que ocluyen la materia orgánica pueden retener más agua por largos periodos de tiempo. Esto es para tener en cuenta para solucionar problemas en la producción de cultivos, teniendo en cuenta el cambio climático que cada día es más drástico.

El residuo de mulch mejora las propiedades Físicas del suelo no solo por incrementar la concentración del CO sino también por proteger la superficie del suelo de las fuerzas de erosión ocasionada por la lluvia, y reduciendo abruptamente fluctuaciones en la temperatura, ciclos de congelamiento, mojado y secado del suelo. En general el incremento de la concentración de COS a través del adecuado manejo en los residuos de cosecha puede no solo reducir las emisiones de C de la atmósfera y contribuir al ciclo de nutrientes, sino que también mejora propiedades físicas del suelo.

Para adicionar cualquier tipo de materia orgánica es importante diferenciar el tipo de suelo, la vegetación incorporado y los constituyentes de ésta. Betancurt y Borges (2001), encontraron que los rastrojos que se descomponen sobre el suelo, su calidad está definida por la concentración de N y lignina o relación C/N; es decir que la descomposición de rastrojos con más de 1,2% de N es producida fundamentalmente por bacterias, adquiriendo mayor relevancia la descomposición por hongos cuando los rastrojos tienen menos de 0,8% de N y alta proporción de lignina en sus tejidos.

Los compuestos que más rápidamente desaparecen son las fracciones solubles en agua como azúcares, almidones, ácidos orgánicos, pectinas, taninos y una variedad de compuestos nitrogenados que están rápidamente disponibles para los microorganismos; posteriormente la tasa de descomposición se reduce y existe poca diferencia entre rastrojos que inicialmente tuvieron concentraciones de N muy diferentes. Por lo tanto, los rastrojos con alta concentración de N se descomponen a una tasa similar independientemente de su ubicación en el suelo y los rastrojos con alta relación C/N son inmovilizadores de N por períodos más prolongado.

EL RESIDUO DE MULCH MEJORA LAS PROPIEDADES FÍSICAS DEL SUELO NO SOLO POR INCREMENTAR LA **CONCENTRACIÓN DEL CO** SINO TAMBIÉN POR PROTEGER LA SUPERFICIE DEL SUELO DE LAS FUERZAS DE EROSIÓN OCASIONADA POR LA LLUVIA, Y REDUCIENDO ABRUPTAMENTE FLUCTUACIONES EN LA TEMPERATURA, CICLOS DE CONGELAMIENTO, MOJADO Y SECADO DEL SUELO.

ADICIÓN DE MATERIA ORGÁNICA

al suelo y su relación con la capacidad de retención de agua

El secuestro de carbono en el suelo mediante la adición de materia orgánica ha sido ampliamente promovido para la mitigación del cambio climático. Mejorar la materia orgánica del suelo puede mejorar la calidad del suelo, es decir, aumentar la retención de nutrientes, mejorar la estructura del suelo, mejorar la actividad biótica del suelo y mejorar la humedad del suelo y los regímenes de temperatura. La adición de materia orgánica también se ha promovido ampliamente para aumentar la capacidad de retención de agua del suelo. Se sugirió como un medio para amortiguar los rendimientos frente a condiciones climáticas variables futuras.

Si bien el efecto positivo de la materia orgánica sobre la retención de agua en el suelo es muy estudiado y ampliamente promovido, aún no existe un consenso claro sobre su efecto cuantitativo. El aumento en la cantidad de agua que está disponible para las plantas con un aumento en la materia orgánica aún es incierto y tal vez sobrestimado. Para aclarar este tema, los investigadores del Instituto de Agricultura de Sydney, evaluaron los datos de 60 estudios publicados y analizaron grandes bases de datos de agua del suelo (más de 50,000 mediciones en todo el mundo) buscando relaciones entre el contenido de carbono orgánico (CO) y agua en saturación, capacidad de campo, punto de marchitamiento y capacidad de agua disponible.

A partir de esta primera revisión exhaustiva, los autores encontraron que el efecto de agregar materia orgánica al suelo mejoró la capacidad de

MEJORAR LA **MATERIA ORGÁNICA** DEL SUELO PUEDE MEJORAR LA CALIDAD DEL SUELO, ES DECIR, AUMENTAR LA RETENCIÓN DE NUTRIENTES, MEJORAR LA ESTRUCTURA DEL SUELO, MEJORAR LA ACTIVIDAD BIÓTICA DEL SUELO Y **MEJORAR LA HUMEDAD DEL SUELO** Y LOS REGÍMENES DE TEMPERATURA.

agua disponible solo modestamente, con un valor promedio de entre 1.5 a 2.0 mm por m, con un aumento de masa del 1 por ciento en carbono orgánico. El suelo arenoso fue más sensible al aumento de MO, mientras que el efecto sobre el suelo arcilloso fue casi insignificante. El efecto más grande de CO fue en los poros grandes, posiblemente a partir de la formación de grandes agregados, y su efecto disminuye con una disminución en el tamaño de los poros.

Un aumento promedio del 1 por ciento en masa de carbono orgánico del suelo (o 10 g C por kg de mineral del suelo) aumenta el contenido de agua en saturación, capacidad de campo, punto de marchitamiento y capacidad de agua disponible en tres, 1.6, 0.2 y 1.2 mm de agua por m de suelo. En comparación con las tasas anuales reportadas de captura de carbono después de la adopción de sistemas agrícolas de conservación, el efecto sobre el agua disponible en el suelo es insignificante. Por lo tanto, los argumentos para secuestrar carbono para aumentar el almacenamiento de agua son cuestionables.

Los resultados también sugieren que la pérdida gradual de materia orgánica del suelo tendría un efecto mínimo en el ciclo hidrológico. El calentamiento global podría causar una pérdida en el carbono del suelo, pero los efectos sobre la disponibilidad de agua del suelo para las plantas y su consiguiente efecto sobre el ciclo hidrológico podrían ser menores de lo que se pensaba.

Sin embargo, los autores señalan que este estudio no sugiere que las granjas no deberían aumentar la materia orgánica del suelo. Cuando el contenido de carbono orgánico del suelo cae por debajo del 1 por ciento, el suelo está en peligro, ya que los agregados del suelo se desestabilizan y el ciclo de nutrientes del suelo se ve comprometido. El aumento de carbono en el suelo aún debe buscarse para mejorar la estructura del suelo, la atenuación del CO_2 atmosférico y el ciclo de nutrientes. Los macroporos creados por materia orgánica aún pueden tener efectos importantes en el aumento de la infiltración de agua y el transporte de gases. Además, agregar MO puede crear un efecto de acolchado que reduce la evaporación del suelo y, por lo tanto, aumenta el contenido de agua en el suelo. University of Sydney (2017).

La grafica siguiente (4) Muestra la relación de la MO con las propiedades físicas del suelo. ■

Figura 4.
Relación MO y propiedades físicas del suelo. (Blanco H. et al 2013)

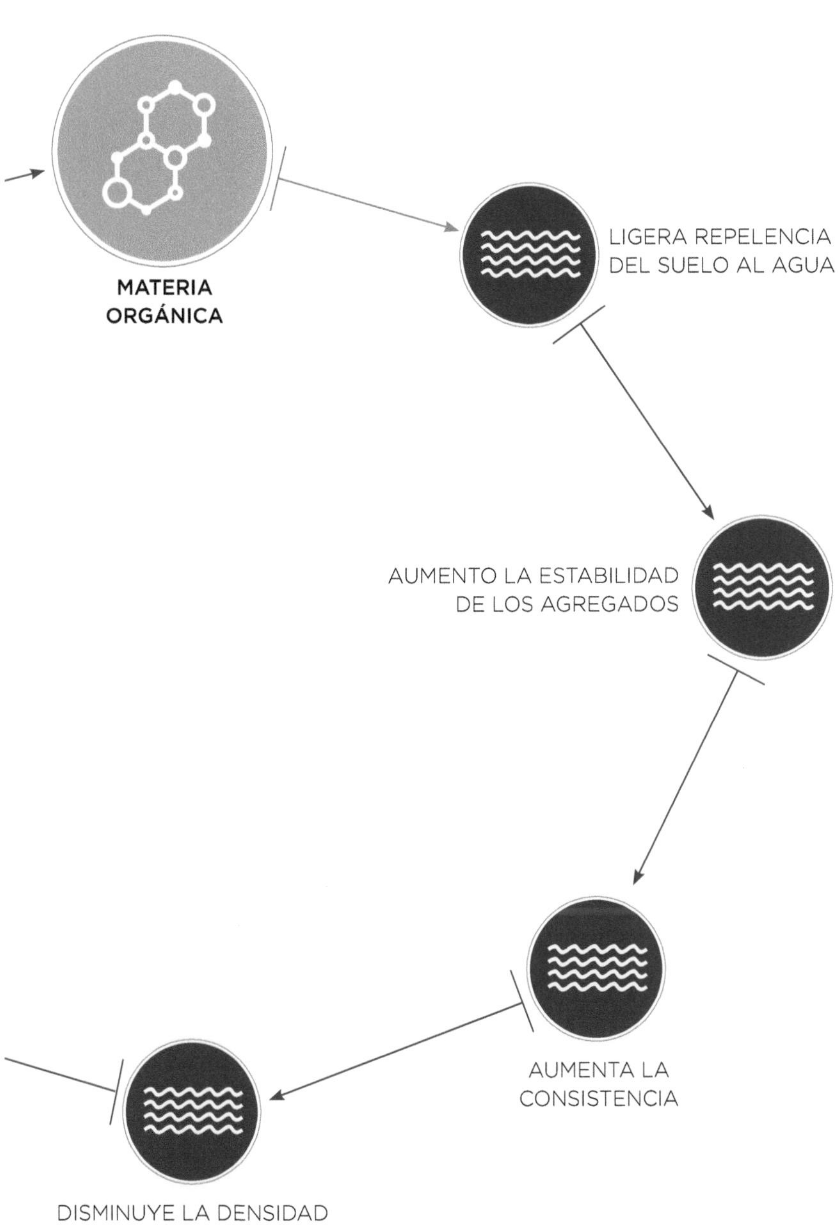

MATERIA
ORGÁNICA
LIGERA REPELENCIA
DEL SUELO AL AGUA
AUMENTO LA ESTABILIDAD
DE LOS AGREGADOS
AUMENTA LA
CONSISTENCIA
DISMINUYE LA DENSIDAD
APARENTE Y REAL

02

ESTRUCTURA

INTRODUCCIÓN

La estructura ha sido reconocida como un factor importante que incide en todas las propiedades físicas del suelo, la mecánica y los procesos biológicos del suelo.

Para los pedólogos la estructura es ante todo una concepción morfo-genética; desde este punto de vista, cada suelo adquiere una estructura determinada durante su pedogénesis.

El tipo de estructura pedogenética es frecuentemente un buen indicador de la influencia del ambiente geomorfológico en la formación de suelo; por ejemplo, en una posición de albardón bien drenado la estructura es generalmente de bloques; en posición de cubeta no salina la estructura es masiva o prismática, mientras que, en una cubeta salina o salino-sódica la estructura es columnar. A su vez, el grado de desarrollo estructural puede reflejar etapas más o menos largas en la formación de suelo, (Zink 2012)

Se sabe que la forma estructural del suelo da origen a la porosidad total, la distribución de tamaño y la continuidad del sistema de poros; por ello, el arreglo y el tamaño de la estructura es de gran importancia para la presencia o no de los poros inter e intrapedales.

La caracterización morfológica de la estructura es una práctica común en la descripción de un perfil, lo que generalmente se hace de manera muy superficial. Más allá de las clases de morfología semicuantitativas del suelo, describir y cuantificar la estructura en sí misma es todo un desafío. Como ha señalado Letey (1991), el estudio de la estructura puede ser tanto un arte como una ciencia.

Los recientes avances en tomografía computarizada proporcionan herramientas de medición para estudiar las estructuras internas de los agregados del suelo con una resolución micrométrica y para mejorar nuestra comprensión

de los mecanismos del suelo. El análisis fractal es otra de las herramientas de análisis de datos que puede ser útil en la evaluación de la heterogeneidad de las estructuras internas intragregados y también lo es el análisis morfométrico digital para cuantificar la forma del ped.

Hoy día estas técnicas permiten el estudio interno de los agregados estructurales, lo cual podría no solo correr las barreras del conocimiento -siempre limitado- sino hacer surgir nuevos problemas de indagación cuyos orígenes estarían entroncados en la dinámica de la formación de la estructura del suelo.

EXISTE LA CREENCIA QUE EN LA MAYORÍA DE LOS SUELOS LOS **MACROAGREGADOS** SE COMPORTAN DE MANERA HOMOGÉNEA Y EN FORMA BASTANTE ESTABLE, EN TANTO QUE LOS MICROAGREGADOS SON **POCO ESTABLES.**

CUANTIFICACIÓN Y MODELAMIENTO
de la dinámica de la estructura

La caracterización cuantitativa de la estructura del poro puede revelar el grado de evolución de los agregados bajo diferente uso y manejo del suelo y sus efectos en los procesos físicos, químicos y biológicos en el mismo. Los agregados de diferente tamaño son estabilizados por varios mecanismos y responden de forma diferente frente a factores como la lluvia, el viento, el riego y las diferentes prácticas agronómicas.

Existe la creencia que en la mayoría de los suelos los macroagregados se comportan de manera homogénea y en forma bastante estable, en tanto que los microagregados son poco estables. La anterior afirmación permite contrarrestar varias hipótesis:

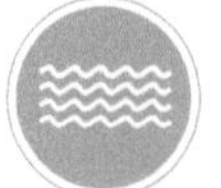 **A.** Cada suelo tiene una pedogénesis muy diferente y, por lo tanto, sus propiedades y características tanto físicas, como químicas, biológicas y mineralógicas son diferentes.

 **B.** La microestructura está formada por complejos muy fuertes de materia orgánica y arcilla estabilizados por ácidos húmicos junto con iones inorgánicos como el calcio.

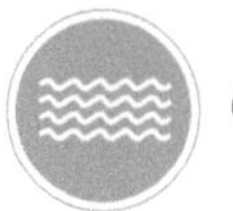 **C.** La microestructura es menos afectada por los cambios climáticos, debido a que está "protegida" dentro de la macroestructura (Sally, 2013).

MICROAGREGADOS

En la actualidad se considera que la microestructura (microfábrica en sentido estricto) de un suelo, en forma simplificada, está constituida por tres elementos: partículas elementales, agregados de partículas y poros (Collins y Mc Gown, 1974 y Alonso et al., 1987). A partir de estos elementos se pueden formar tres tipos de microestructuras elementales, a) microestructura de tipo matricial que está constituida por una masa de partículas distribuida de forma homogénea, b) microestructura de agregados, cuando se observan grupos o asociaciones de partículas elementales formando granos de mayor tamaño y c) poros entre ellos de mayor tamaño que en la microestructura matricial; y una microestructura de granos de arenas y/o limos con conectores de arcilla entre los granos, o contactos directos entre partículas sin conectores de arcilla.

En el campo, generalmente se describen los agregados visibles que pueden ser del orden de varios milímetros o de varios centímetros de diámetro, denominados macro-agreagados, usualmente formados por pequeños agregados llamados microagregados, los cuales pueden tener el mismo origen de los macroagregados, o pueden tener un origen diferente, como, por ejemplo, aquellos formados por excrementos de la edafofauna o por la actividad de las raíces. El estudio de la organización interna de estos pequeños agregados es muy importante, puesto que, mantienen mayor humedad que los macroagregados y son más estables; además, la mayor parte de los microorganismos viven y se desarrollan dentro de ellos. Pinzón (2015), observó por medio del estereomicroscopio "camas" de organismos (fig.6B), como también la presencia de microagregados granulares dentro de una estructura de bloques subangulares (fig. 5A). ■

Uno de los factores que interviene en las propiedades mecánicas e hidráulicas de los suelos compactados es la microestructura que se genera durante el proceso de compactación. Gracias a los recientes avances en las técnicas de obser-

A.

B.

Figura 5.
Imagenes obtenidas del estereomicroscopio de un agregado de 0.8 cm. Se observa la microestructura granular (A) y actividad de la edafofauna, (B) nido o cama, (Pinzón A. 2016)

vación directa e indirecta como la tomografía computarizada se han podido establecer métodos para su caracterización.

La figura de TC 6a, muestra huevos, microestructuras de bloques y unas pocas granulares; la figura6b muestra la actividad de la lombriz en el primer horizonte del suelo, por cuya actividad se abren canales por entre los cuales la penetración de las raíces se torna más fácil. La solución del suelo y su aireación tendrán mayor movimiento lo cual será útil tanto para las raíces de las plantas como también para la supervivencia de la micro y mesofauna del suelo. ■

La comparación entre la resistencia de la masa del suelo in situ y la de los agregados simples o microagregados, revela efectos de humedecimiento y de secado que coadyuvan en el enlace entre las partículas y el mecanismo de "aglutinado"; esto   hace que los agregados sean más débiles o más fuertes, y se produzca una respuesta del suelo ante los eventos climáticos.

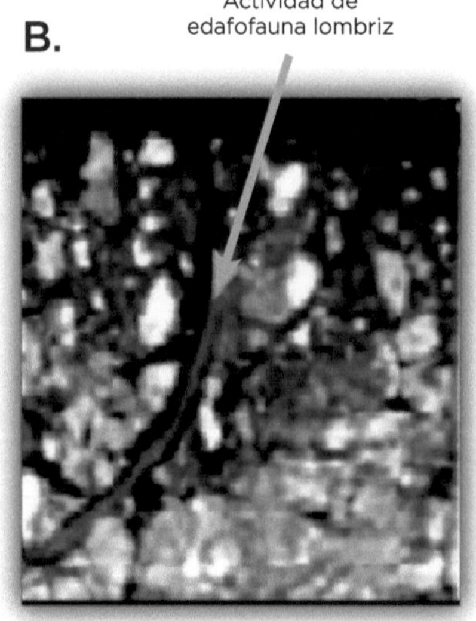

Figura 6.
Imagen de tomografía computarizada, en la cual se observa el canal que elabora la lombriz. (Pinzón 2010)

La estabilidad de los agregados y su distribución de tamaño, tanto en húmedo como en seco, son utilizadas frecuentemente como indicadores de infiltración, de erosión hídrica y eólica. El muestreo de agregados sin una definida historia hidráulica en relación con la condición in situ produce un cuadro incompleto de la estructura del suelo en relación con el flujo preferencial, al transporte de solutos, al intercambio de gases y a los patrones del crecimiento de la raíz.

Hay dificultades en la cuantificación directa de la estructura del suelo al analizar la arquitectura interior (espacios vacíos, bioporos y grietas entre los agregados y peds); por ello, ratas del movimiento del agua, intercambio de gases o transporte de solutos a través de suelo no intervenido, representan mediciones indirectas de la estructura del suelo.

Un propósito al cuantificar la estructura del suelo es predecir las propiedades hidráulicas. La dificultad que se presenta consiste en determinar qué aspectos de la estructura del suelo deben tenerse en cuenta, bien sea el tamaño, la forma o la angulosidad de sus agregados. Con base en relaciones entre, medidas de fuerza, tensión y cambios inducidos por el estrés en las propiedades hidráulicas Hornjh and FLeige (2003), desarrollaron una serie de funciones de pedotransferencia que conectan empíricamente la clase de estructuras morfológicamente determinadas con propiedades mecánicas e hidráulicas del suelo.

Lin et al (1999), relacionaron propiedades y características estructurales de los peds con macroporos, y otras como la textura y la densidad aparente las correlacionaron con el flujo en las regiones de los macro, meso y microporos; esto les permitió concluir que con las propiedades estructurales se puede predecir el flujo en el macroporo, mientras que las propiedades texturales y la densidad predicen el flujo en la región del microporo.

En el presente, las funciones de retención de agua incluyen dos o más secciones conectadas para considerar los efectos de la estructura del suelo como son regiones de macroporos y la matriz del suelo. Durner et al (1994), demostraron cómo la compactación y la contracción afectan el arreglo de poros y la hidrología del suelo, sugirieron, que se necesita conocer desde el tamaño de poro hasta modelos de su hidrología.

Las funciones de pedotransferencia, son más útiles si las clases estructurales están bien definidas morfológicamente, lo mismo que la textura y

EN EL PRESENTE, LAS FUNCIONES DE **RETENCIÓN DE AGUA** INCLUYEN DOS O MÁS SECCIONES CONECTADAS PARA CONSIDERAR LOS EFECTOS DE LA ESTRUCTURA DEL SUELO COMO SON REGIONES DE MACROPOROS Y LA MATRIZ DEL SUELO.

la densidad aparente, las cuales, como ya se dijo anteriormente, son relacionadas con las propiedades hidráulicas del suelo. El transporte de solutos también es fuertemente afectado por las características de la estructura; Warkentin (2008), ha revisado los modelos de transporte de solutos teniendo en cuenta la estructura y el flujo preferencial.

Los microagregados poseen las fracciones de materia orgánica más resistente; también los macroagregados pueden formarse alrededor de fracciones de materia orgánica particulada poco transformada y menos resistente. Una vez que la materia orgánica particulada es alterada por los microorganismos del suelo, los polisacáridos extracelulares liberados por estos transforman a los macroagregados en estructuras más estables.

Otra manera de mantener las partículas unidas es mediante el efecto de entrampamiento de los agregados por las raíces e hifas junto con los compuestos orgánicos que éstas liberan. A medida que la materia orgánica particulada va siendo alterada la actividad microbiana va disminuyendo junto con la liberación de polisacáridos; por lo tanto, los macroagregados van perdiendo estabilidad, y se desprenden microagregados más estables (Castiglioni, 2005).

Normalmente se describen estructuras sin conocimiento de la humedad del suelo en el momento de la descripción; se confía ésta a lo que suelo muestra en una primera mirada, sin tener en cuenta el tipo de microagregados que constituyen la estructura y más aún sin detenerse a observar la edafofauna presente.

El estudio de la dinámica estructural del suelo es complicado dados los siguientes factores:

A. Los efectos del manejo a largo plazo de la estructura afectan tanto a los macro como a los microagregados.

B. La magnitud y los patrones de varia bles temporales son afectados considerablemente por el espacio radical y el crecimiento de la planta.

C. La variabilidad temporal y espacial muy seguida, opaca los efectos de prácticas particulares de manejo.

D. Tipos de suelo, clima y riego afectan la estructura del suelo y ésta a su vez afecta las propiedades hidráulicas del mismo.

ARQUITECTURA DE LA ESTRUCTURA

En las últimas dos décadas la investigación en física de suelos experimentó un notable avance con la aplicación de la tomografía computarizada de rayos X (TC). Esta técnica fue introducida en la ciencia del suelo por Petrovic en 1982, Hainsworth y Aylmor en 1983 y Crestana en 1985, quienes demostraron su aplicación para medir la distribución espacial (dos y tres dimensiones) de la estructura y porosidad del suelo. Desde entonces, los avances en la instrumentación del TC han permitido conocer más a fondo características y propiedades del suelo tales como la porosidad, la estructura, el flujo preferencial, la aireación, la actividad de la edafofauna y el estado de las raíces.

Actualmente, algunos autores (Chun et al., 2008; Peth et al 2008; Šim nek y van Genuchten, 2008; Papadopoulos et al, 2009; Larsbo et al. 2014 y Scheibe et al, 2015), han utilizado esta técnica para profundizar en el conocimiento de la microestructura y porosidad y su relación con las demás propiedades del suelo.

La incursión de la TC en el estudio de rasgos del suelo como lo es la estructura y microestructura no visualizados mediante otras técnicas, permite tener más elementos de juicio para hacer predicciones válidas y en consecuencia explicaciones más certeras en cuanto a movimiento de agua y solutos, intercambio gaseoso y comportamiento de los organismos del suelo, para de esta manera entender el porqué de algunos procesos, entre ellos la erosión del suelo. En conclusión, la TC permite conocer grandes detalles morfológicos de impacto en la descripción y estudio de rasgos complejos del suelo.

La cualificación de la arquitectura de la estructura es muy compleja; en el campo es muy difícil observar la forma de los macroagregados y más aún la de los microagregados, por lo cual se acude a técnicas no invasoras que registran la realidad de las características del suelo. Las figuras 7 y 8 corresponde a un sueloTypic Hapludands, bajo dos usos, con vegetación nativa (8) conserva más estructura granular, como también estructura de bloques. Mientras que el cultivo de fresa (9) el tipo de estructura predominante es de bloques subangulares y dentro de ellos estructura granular muy fina y mucho macroporos. ■

La autora utilizó un estereomicroscopio, para conocer la estructura de los microagregados en un mismo suelo utilizado en cultivos de pasto y fresa, el resultado fue muy importante, puesto que, no

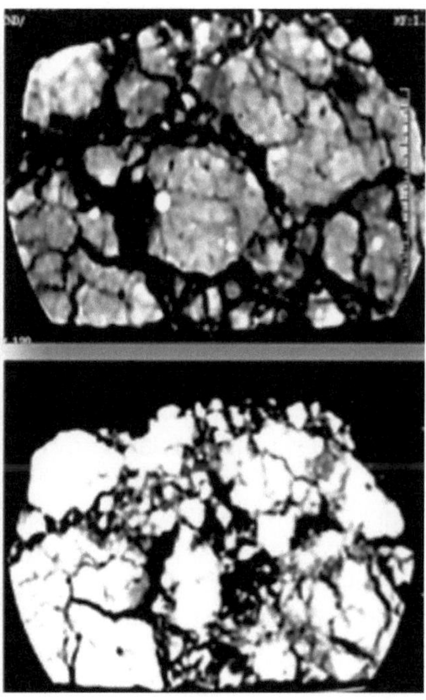

■
Figura 7 y 8.
Arquitectura de la estructura en dos usos diferentes. (Pinzón y Arias 2012)

solo se diferenciaron los micro-agregados (menores de 5 mm), sino que nos llevó a conocer el mundo de los organismos que viven en ellos, un tema poco estudiado y del cual hay mucho que aprender. Las imágenes 8 a, b, c y d, se observan diferentes organismos, que viven en estos microagregados los cuales cada uno tiene su función en este pequeño mundo; en la imagen d , sobresalen minerales como el cuarzo y algunas algas. ∎

Pinzón (2014), utilizó la TC para evaluar la estructura de un suelo Typic Hapludands, en el cual se aprecia una estructura de bloques subangulares en el horizonte B (fig. 10a), y la estructura granular mezclada con material orgánico del horizonte A (fig. 10b) mezclados con algunos microagregados de bloques subangulares muy finos; la combinación de estructuras permite que el horizonte albergue una buena cantidad de organismos y raicillas. En la figura 10c se observan espacios interpedales entre uno y otro tipo de estructura y entre ellos se observa un microdrenaje, muy importante en el comportamiento del agua y de solutos dentro de suelo; lo mismo podría decirse de la aireación. ∎

∎
Figura 9.
Imágenes de organismos menores a 5 mm, observadas en el estereomicroscopio. (Pinzón 2017)

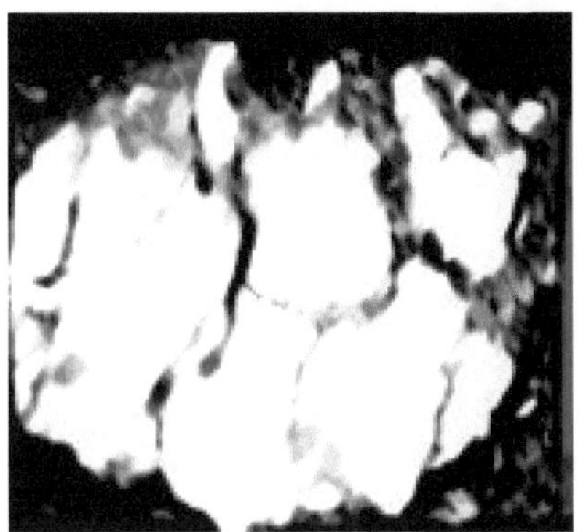

Estructura de bloques subangulares.

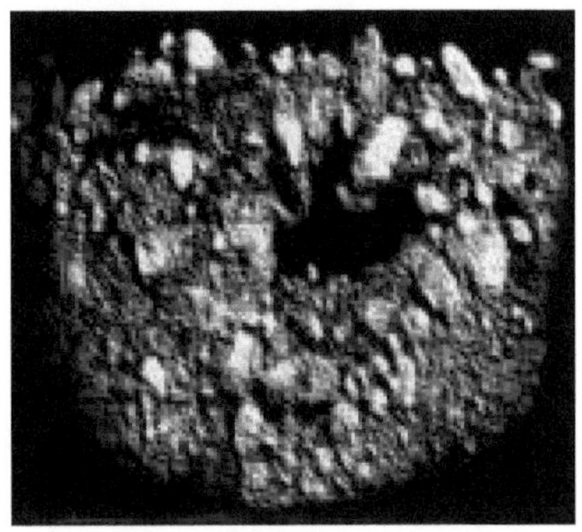

Granular mezclada con material orgánico.

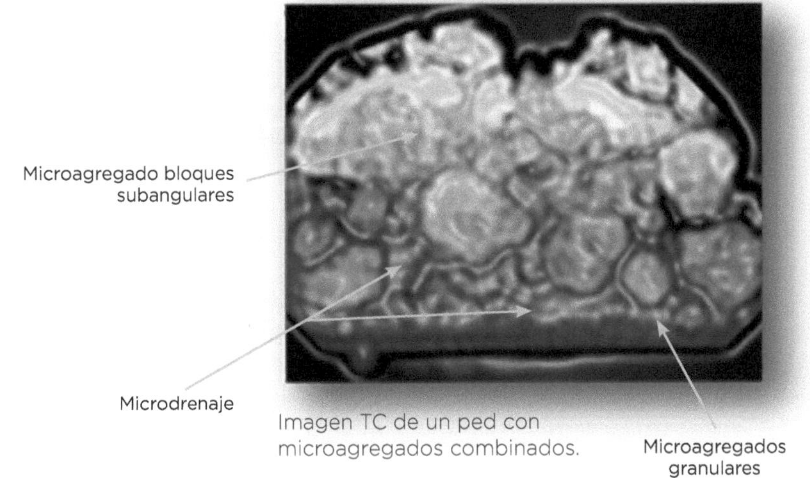

Figura 10.
Imágenes de estructura de bloques subangulares y
granular obtenidas por medio de TC. A. Pinzón

En el horizonte Ap de dicho suelo se observan cambios en la estructura y por tanto en la porosidad, por causa de usos diferentes como, suelo con vegetación nativa, suelo utilizado en cultivo de fresa y suelo en uso con ganadería, (fig. 11).

Las imágenes en tonos de grises son de tomografía computarizada de rayos X (TC). En los tres usos mencionados se observan diferencias en las

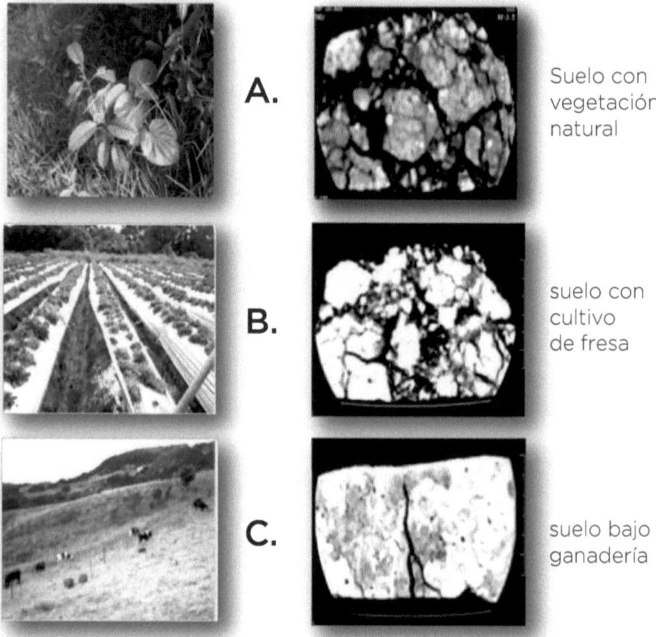

Figura 11.
Imágenes de TC en tres usos diferentes. (Pinzón y Arias)

características de la estructura; así, en el suelo con vegetación nativa se observa la estructura en bloques combinada con granular; en el suelo utilizado en cultivo de fresa la estructura es de bloques subangulares más grandes y con muy pocas formas granulares, y en el suelo utilizado en ganadería prácticamente no se evidencia estructura alguna ni porosidad, a excepción del espacio dejado por una raíz. ■

La cuantificación de la forma del ped sigue siendo esquiva. Los métodos existentes que intentan cuantificar la estructura del suelo utilizan técnicas de laboratorio que tienen limitaciones desde su recolección en campo, el tamaño, y el transporte. Mohammed (2016), empleó una técnica cuyo objetivo fue de superar estas limitaciones mediante el desarrollo de un enfoque diferente para cualificar los peds, utilizando morfometría, creada a partir de fotografías digitales de los perfiles de suelo. Además, se examinaron las formas de peds de diagramas heurísticos y las exploraciones tridimensionales (3-D) de los peds. Los diagramas heurísticos fueron cuantificados para evaluar las formas derivadas de las conceptualizaciones comunes de la estructura del suelo, mientras que los escaneos 3-D fueron cuantificados para evaluar el efecto de la orientación del ped y las mediciones de forma.

Para definir la forma del ped se cuantifica manualmente esbozando distintos ejemplos de peds de alta resolución fotográfica, diagramas heurísticos y el cálculo morfométrico de las siluetas resultantes, utilizando un software de análisis de imagen. Usando este método, se puede transformar las descripciones categóricas y subjetivas típicas de peds en datos de forma cuantitativas continuas. Las métricas de forma, circularidad y la relación entre ancho y altura, ejemplifican el tipo de variables continuas que permiten detectar diferencias significativas entre las formas ped (fig. 12). Este enfoque abre la puerta al análisis de la estructura del suelo a escala regional y continental a través del análisis de fotografías existentes sin necesidad de volver a muestrear. ■

Pinzón y Donneys (2017), utilizaron un endoscopio 720p, para observar directamente en campo la estructura, sin alterar el suelo, las imágenes fueron tomadas en un suelo con uso en pasto (fig.13).

Esta metodología, por primera vez utilizada en el país, es apenas otra técnica que la autora pretende seguir investigando para conocer y entender el tipo, clase y forma de la estructura y microestructura, para facilitar también el conocimiento del intrincado enjambre de raicillas que, además de favorecer la formación de la estuctura permita entender este micromundo de la rizosfera tan importante en la toma de nutrientes por la planta. ■

Figura 12.
Digitalización de peds de fotografía, modificada por Aandahl.

LOS MECANISMOS POR LOS CUALES LAS **LOMBRICES** PRODUCEN Y ESTABILIZAN LOS AGREGADOS DEL SUELO NO SON BIEN COMPRENDIDOS, PERO ESTA INFORMACIÓN ES NECESARIA ANTES DE QUE SE PUEDAN IDEAR **PRÁCTICAS DE MANEJO** QUE PROMUEVAN LOS ASPECTOS BENÉFICOS DE SU ACTIVIDAD.

LOS ORGANISMOS Y LA FORMACIÓN DE ESTRUCTURA

El suelo es un ecosistema vivo, dinámico, que alberga una comunidad microbiana extremadamente compleja. Las interacciones bióticas que dominan la biología del suelo a menudo están mediadas por metabolitos secundarios estructuralmente diversos.

Los mecanismos por los cuales las lombrices producen y estabilizan los agregados del suelo no son bien comprendidos, pero esta información es necesaria antes de que se puedan idear prácticas de manejo que promuevan los aspectos benéficos de su actividad. Por lo tanto, pretratamientos químicos selectivos y observaciones micromorfológicas (fig. 13 y 14), se utilizan para investigar la naturaleza de la formación de agregados y la estabilización en moldes de lombrices. ∎

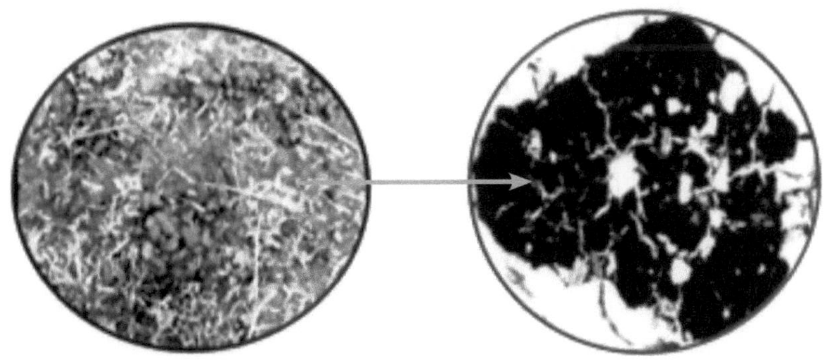

∎
Figura 13 y 14.
Observación micromorfológica de excremento de lombriz. (A.Pinzón)

LA ESTRUCTURA DE UN SUELO DISTURBADO PUEDE SER BASTANTE DIFERENTE A LA DE UNO IN SITU.

El paso del suelo a través del tracto digestivo de las lombrices, interrumpió la formación de los microagregados preexistentes debido al rompimiento de algunos enlaces del tipo puente de agua y cationes; sin embargo, los fragmentos de desechos orgánicos incorporados se convirtieron en incrustados de plasma y sirven como núcleos para nuevos agregados.

En los gránulos excretados, el envejecimiento y el secado facilitan el acercamiento y unión de la planta con los polisacáridos microbianos y otros compuestos orgánicos asociados con los fragmentos orgánicos a la arcilla, estabilizando así los nuevos microagregados. En el suelo, estos enlaces consisten predominantemente en enlaces catión-radicales de materia orgánica (C-P-MO) que involucran calcio cuando las lombrices reciben dietas de alfalfa o de hoja de maíz, es decir, que dependiendo de la dieta que se dé a la lombriz, aportará cierto tipo de elementos en los excrementos.

ESTABILIDAD DE LOS AGREGADOS

La estabilidad de los agregados hace referencia a su habilidad para resistir la desintegración, cuando fuerzas destructivas asociadas con la labranza, el riego y la lluvia son aplicadas al suelo; cuando estas labores se ejecutan en el suelo demasiado seco pueden pulverizarlo y en algunos casos éste se torna hidrofóbico; en caso contrario, con suelo demasiado húmedo, se puede llegar a perder completamente la estructura (masiva). La estabilidad de los agregados depende en alto grado de la materia orgánica y de la actividad biológica.

La estructura de un suelo disturbado puede ser bastante diferente a la de uno in situ. A menudo, el proceso en el laboratorio para determinar la estabilidad de los agregados remueve el agregado in situ e ignora el efecto de su arreglo y la resistencia del agregado interno en comparación con la masa total del suelo.

Agregados muestreados para conocer la estabilidad estructural sin una definida historia hidráulica en relación con la condición in situ, da un cuadro incompleto de la estructura del suelo en relación con el flujo preferencial, transporte de solutos, intercambio de gases, y patrones del crecimiento de la raíz.

Las condiciones estructurales del suelo y su estabilidad son críticas para el entendimiento de la influencia de la estructura en la porosidad, en el regimen de nutrientes en la rizosfera, propiedades hidráulicas en el suelo y proceso de transporte en macroporos, que suceden en la raíz y en la zona vadosa (Jarvis y Malon 2007).

DETERIORO DE LA ESTRUCTURA

Las principales causas del deterioro de la estructura cerca de la superficie del suelo son:

A. Compactación mecánica por implementos de la agricultura

B. Costras de la superficie debido al impacto de las gotas de lluvia

C. La presencia de sodio y concentración de electrolitos

D. Reagrupamiento subsuperficial de agregados, debido a fuerzas de tracción de agua capilar (Ghezzehei, 2002).

La relación de la absorción de sodio (RAS) y la concentración de electrolitos (salinidad) de la solución del suelo (irrigación o agua lluvia) juega un papel significativo en la determinación de las propiedades físicas y en especial sobre la estructura del suelo; se conoce que la sodicidad disminuye la cantidad de macroagregados y por lo tanto el tamaño de poros drenables.

Poco se sabe sobre los efectos de la estabilidad de los agregados del suelo en lo que se refiere a las propiedades hidráulicas y la generación de la escorrentía, la cual se supone que está asociada con mecanismos fisicoquímicos de los agregados; algunos de estos mecanismos son:

 **A.** Descomposición por compresión del aire atrapado durante el humedecimiento rápido,

 **B.** Rompimiento por hinchamiento diferencial durante el humedecimiento rápido,

Rompimiento por gotas de lluvia

 **C.** Dispersión fisicoquímica origina-

 **D.** da por estrés osmótico cuando se humedece el suelo y el contenido de electrolitos es bajo.

Sin embargo, estos cuatro mecanismos difieren en el tipo de energía implicada; por ejemplo, cuando los agregados se hinchan pueden superar presiones en la magnitud de megapascales, mientras que, en el impacto de las gotas de lluvia puede superar presiones en el rango de kilopascales; esto lógicamente traería consecuencias en la desagregación del suelo y su impacto en propiedades fisicoquímicas, es decir, en la salud y calidad del suelo.

POCO SE SABE SOBRE **LOS EFECTOS DE LA ESTABILIDAD** DE LOS AGREGADOS DEL SUELO EN LO QUE SE REFIERE A LAS PROPIEDADES HIDRÁULICAS Y LA GENERACIÓN DE LA ESCORRENTÍA, LA CUAL SE SUPONE QUE ESTÁ ASOCIADA CON **MECANISMOS FISICOQUÍMICOS** DE LOS AGREGADOS.

03

POROSIDAD

INTRODUCCIÓN

En general, el espacio poroso se puede describir como un sistema interconectado de dos sistemas; uno primario, el textural, y otro secundario, es estructural. De este modo, el espacio poroso es tridimensional con diferentes tipos de poros mostrando una estructura heterogénea en tamaño, forma y orientación. Los poros son modificados debido a varios procesos como contracción y expansión, congelamiento y deshielo, deformación mecánica y química del agua lluvia, actividad biológica, morfológica y topológica, e inciden en atributos como la conectividad, la longitud, el diámetro, y también en la tortuosidad.

El sistema de arquitectura de poros determina el medio ambiente ecológico, a través de interacciones de procesos físicos, bioquímicos y biológicos en varias escalas, tal como la distribución, sorción, retención, liberación de nutrientes, MO y liberación de gases del suelo. La apertura de nuevas interfaces en el subsuelo puede específicamente realizar la intensidad de las tasas de reacción y procesos de transporte.

Recientemente, el concepto de la teoría de redes ha sido aplicado a la compleja disposición de red de los poros del suelo, dichas redes pueden relacionarse con las propiedades de la estructura del suelo, dadas por el análisis de imagen de ésta, obtenida del escaneo de núcleos de suelo usando TC.

La estructura del suelo se asocia con un complejo de espacios de poros que juegan un papel fundamental para el funcionamiento del suelo mediante el control de las interacciones multiescala de los procesos físicos, químicos y biológicos. Los procesos de estudio del suelo y su interacción en un suelo estructurado son complicados, ya que la estructura del suelo es dinámica y conduce a funciones del suelo variables temporalmente; estas funciones variables del suelo dependen o de la evolución de la estructura o de su degradación. La investigación de la dinámica del espacio poroso y su relación con las funciones del suelo es una tarea difícil debido a que los poros del suelo están organizados en redes tridimensionales y los constituyentes opacos del suelo evitán las observaciones directas del espacio poroso.

Además, las imágenes binarias generadas por el mecanismo de crecimiento de la red, lo cual se conoce como simulación de la estructura del suelo, se asemejan de manera similar a las imágenes recogidas de las muestras de suelo inalteradas. Usando la relación entre la estructura de la red y las propiedades de correlación espacial de la estructura del poro del suelo se observan las posibles aplicaciones de la teoría de redes para comprender el funcionamiento biofísico del suelo, como la autoorganización de los hábitats del suelo entre otros (Korosak. 2013). Son muy escasos los estudios sobre este tipo de métodos pero se plantean en este texto para llamar la atención de los científicos de la física de suelos.

EL ESPACIO POROSO

El estudio del espacio poroso es muy complejo por ser éste muy dinámico, considerando el acceso a los poros por las raíces de las plantas, el transporte de la solución del suelo, la alternancia del clima, el manejo y la variedad de edafofauna que se mueve dentro del suelo; lo anterior indica que, para poder conocer la porosidad de un tipo de suelo se debe hacer un monitoreo continuo y obtener datos precisos para lograr entender el comportamiento de la porosidad del suelo.

En cuanto a la presencia de raíces, estas tienen gran incidencia en la formación de los poros en algunos casos y en otros en el taponamiento de los mismos; es así como las raíces de mayor diámetro penetran en los poros mayores de 50 Qm, (fig 12B), comprimiendo el suelo y desarrollándose a lo largo de los poros interpedales; en algunos casos, los poros, especialmente sus paredes, son afectados por rugosidades, malformaciones u obstrucciones, lo cual puede afectar la fisiología de las raíces, mientras que, raíces finas, se desarrollan en el espacio intrapedal formando una red de raíces funcionales que exploran el suelo y colaboran en la formación de estructuras granulares. (fig. 15 a y b) ■

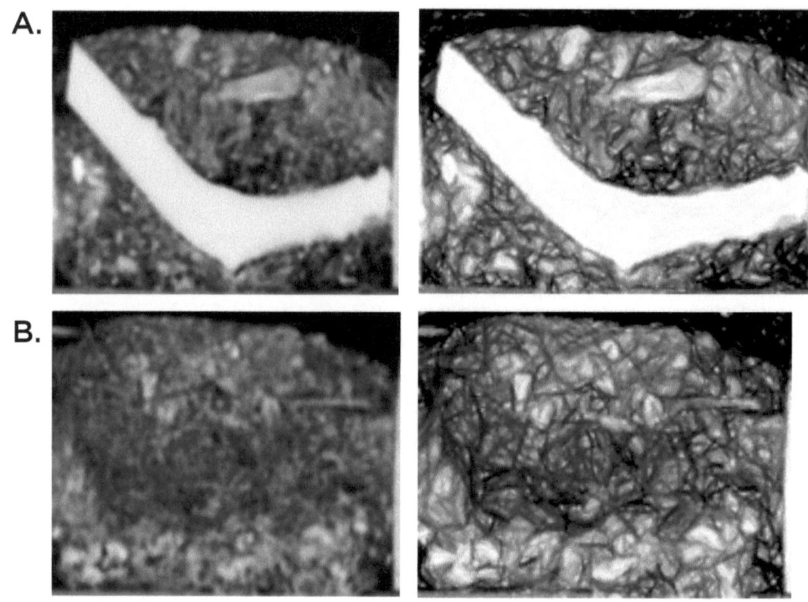

Figura 15 a y b.
Interrelación entre el tamaño de raíces y la porosidad del suelo. A. Raíces
muy gruesas. B. Raíces muy finas. (A.Pinzón)

La aplicación de técnicas de imágenes no invasivas ha revelado que los
macroporos en suelos generalmente forman redes parcialmente conectadas y de topología bastante compleja (Perret et al., 1999, Pierret et al., 2002,
Mooney y Korošak, 2009 y Luo et al. 2010a). Es probable que las redes de
macroporos en los horizontes del subsuelo sean más anisotrópicas que en
las capas cultivadas, ya que, a menudo están dominadas por bioporos tanto
de raíces como macrofaunales (Jarvis, 2007 y Luo et al., 2010a). Los um-
brales de percolación para estas redes de poros fuertemente anisotrópicas
pueden ser cercanos a cero, con múltiples racimos percoladores desconect-
ados y fraccionados, que se aproximan a la unidad cuando se convierten en
porosidades pequeñas (Ewing y Gupta, 1993 y Liu y Regenauer-Lieb, 2011).

Douglas et al (1986) comentan que los poros grandes y continuos aceleran
el transporte de los nutrientes y de agua, Germann y Beven (1982), puntu-
alizan que el macroporo tiene capacidad para desviar eventos fuertes de
infiltración cuando el suelo está saturado y la velocidad del flujo vertical
sobre los poros de la matriz del suelo es excedida; en este evento puede

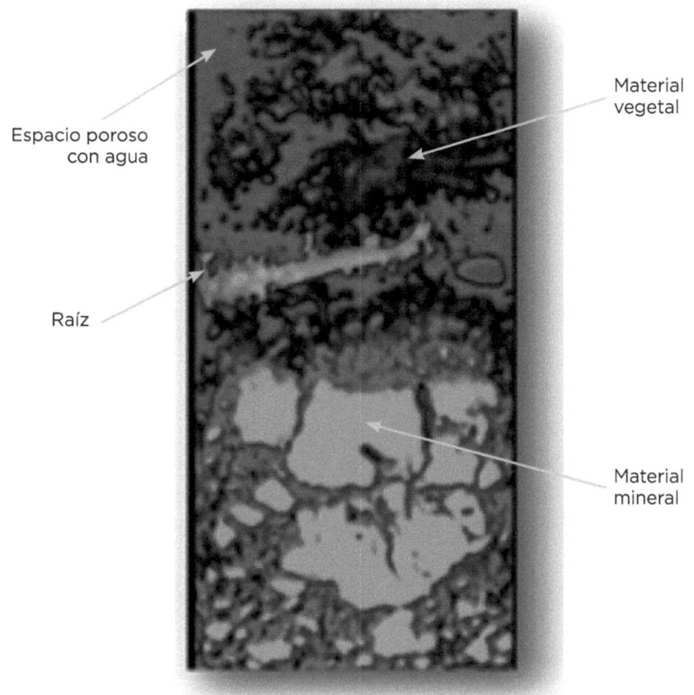

■
Figura 16.
Imagen TC del perfil del suelo del páramo de Guerrero. (A. Pinzón)

ocurrir una ruptura en la continuidad del poro; por lo tanto, esa macroporosidad puede generar diferentes fenómenos en el flujo preferencial. La siguiente gráfica (16), es de un suelo Histosol, en donde el gran espacio poroso lleno de agua y vegetación, además de una gran raíz que desvía el movimiento vertical de agua. ■

En particular, los bioporos, como por ejemplo los elaborados por la raíz principal o por las lombrices y los coleópteros, tienen una influencia predominante en los procesos del subsuelo cuando la densidad aparente es usualmente alta. Por lo tanto, los bioporos influyen en el transporte y flujo preferencial del agua del suelo y en el drenaje. La fig. 17 muestra una estrangulación del poro por efectos de un agregado de gran consistencia, lo cual va a incidir en el flujo del agua y de la solución del suelo. ■

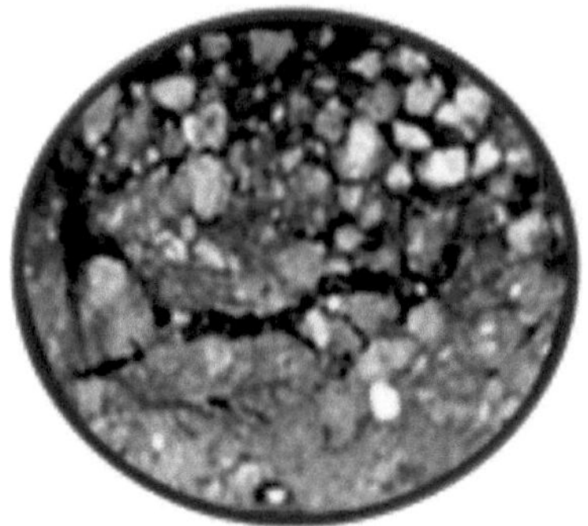

Figura 17.
Imagen TC de un poro estrangulado. A. Pinzón

Las características de la pared del poro pueden controlar propiedades del camino o vía de flujo y también el movimiento de gases, agua y solutos es afectado por la macroporosidad; todo ello puede influir en la fisiología de las raíces. Las características y tipos de raíces de diferente diámetro y rasgos, número de ramas, distribución y ángulos y diferentes tipos de cultivos pueden generar grandes diferencias en la arquitectura de las raíces y por consiguiente en la forma y diámetro de los poros. Por tanto, existe un gran vacío entre la realidad externa del suelo y la fenomenología del microcosmos que la produce.

Las raíces de las plantas tienen la habilidad de alterar dinámicamente la estructura y porosidad del suelo y de adaptarse ellas mismas a un sistema existente en él; particulares secuencias de cosechas pueden generar sistemas de raíces con grandes diferencias en la arquitectura de los poros, por ejemplo, las especies de plantas con un sistema de raíz principal dan lugar a macroporos verticales continuos, mientras que las monocotiledóneas forman un sistema de raíz denso, mayormente formado por raíces laterales. La figura 18, visualiza la porosidad total del suelo, junto con las burbujas de aire atrapadas (rosadas) y la red de macroporos, imagen de TC. ■

Las tecnologías no invasivas como la tomografía TC. de los rayos x han sido aplicadas para investigar la estructura del suelo y bioporos especialmente generados por las raíces   y las lombrices. Durante la última década se han mejorado técnicamente, en especial, los escáneres industriales; éstos proveen ahora una mejor percepción de los detalles de la estructura y porosidad del suelo que abarca un mayor rango de escalas. Además, están

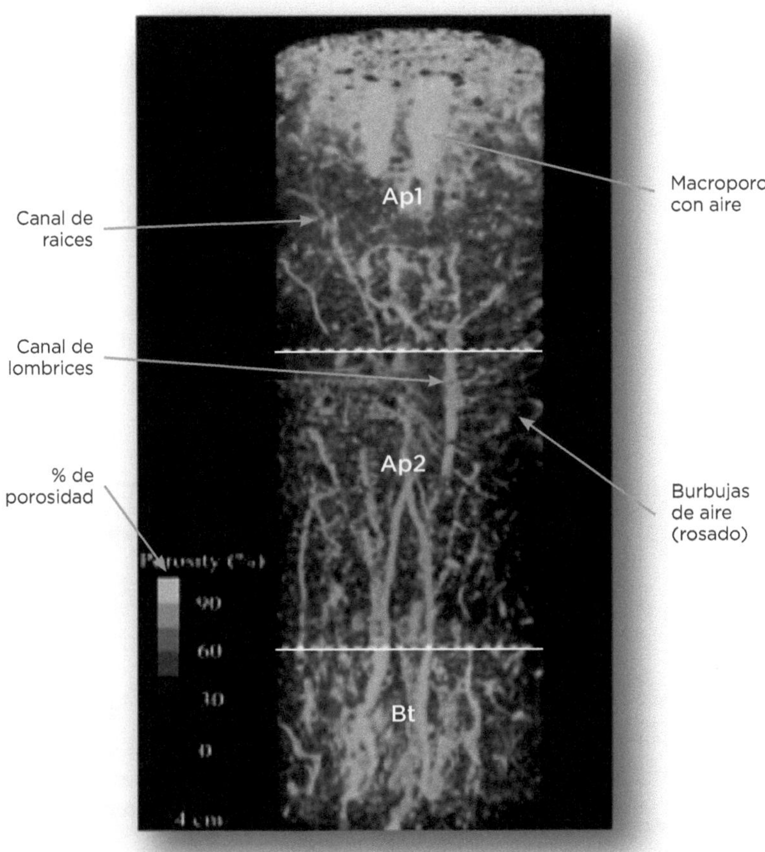

Figura 18.
Imagen TC con tinción para observar la porosidad del suelo.

disponibles los más sofisticados algoritmos de análisis de imágenes, que permiten un análisis sistemático cuantitativo adquirido de los datos del TC.

La técnica de los rayos TC, es una herramienta para conocer las característi-cas del espacio del poro, superficie de las paredes del poro, distribución del volumen del poro, o longitud y diámetro, características relevantes para el transporte, accesibilidad y toma de agua y nutrientes del subsuelo. En adición, estos datos pueden ser usados para la aplicación en modelos de crecimiento de la raíz, toma de agua, como también para entender el manejo que debe darse a un tipo determinado del suelo.

Kravchenko, et al (2011), estudiaron por 20 años la diferencia de los agregados y la porosidad del suelo, en los siguientes usos: labranza convencional, sin labranza y vegetación nativa y encontraron que los agregados de los tres tratamientos estudiados tenían mayor porosidad asociada con poros grandes, (mayores de 60 Qm), relacionados con antiguos canales de raíz, y que los poros de 15 a 60 Qm fueron igualmente abundantes en todos los agregados, aunque sus distribuciones fueron más heterogéneas. Los hallazgos indican que los mecanismos de formación de macroagregados difieren en su importancia en relación con diferentes usos del suelo y prácticas de manejo, como se observa en las imágenes 19 a, b, c y d. de tomografía computarizada. ■

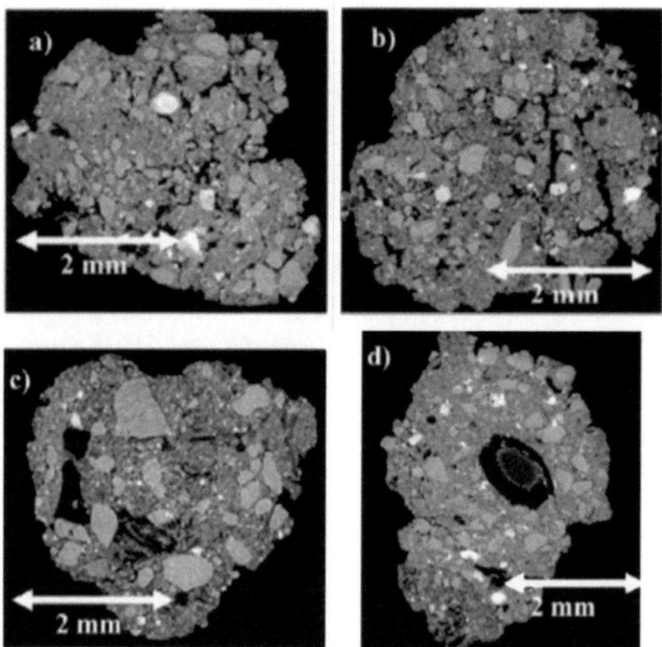

■
Figura 19.
Imágenes TC con labranza convencional, sin labranza y vegetación nativa. (Fuente A. N. Kravchenko, A.N. Wang y AJ.Smucker. 2011)

Se cree que la conectividad de las redes de macroporos ejerce un importante control sobre el flujo preferencial en el suelo, aunque se ha avanzado poco hacia la incorporación de una comprensión de estos efectos en modelos de flujo y transporte orientados a la gestión del suelo. En principio, los conceptos de la teoría de la percolación deberían ser adecuados para cuantificar la conectividad de las vías de flujo preferidas, pero hasta el presente no se ha probado su importancia para los suelos en el campo. Los efectos de esta compleja arquitectura de poros del suelo sobre el flujo y el transporte de la solución del suelo pueden ser capturados mediante modelado a escalas pequeñas, ya sea directamente en sistemas de poros de imágenes de rayos X (Hyväluoma et al., 2012 y Scheibe et al., 2015), o en modelos simplificados de redes de poros que representan estadísticamente la red real (Köhne et al., 2011).

Con imágenes de TC se pueden elaborar mapas tanto de las formas de la estructura como de la porosidad; en la figura 20 se muestra el mapa de la porosidad de los suelos Andic Dystrupepts y Typic Dystrandepts de la Sabana de Bogotá. ■

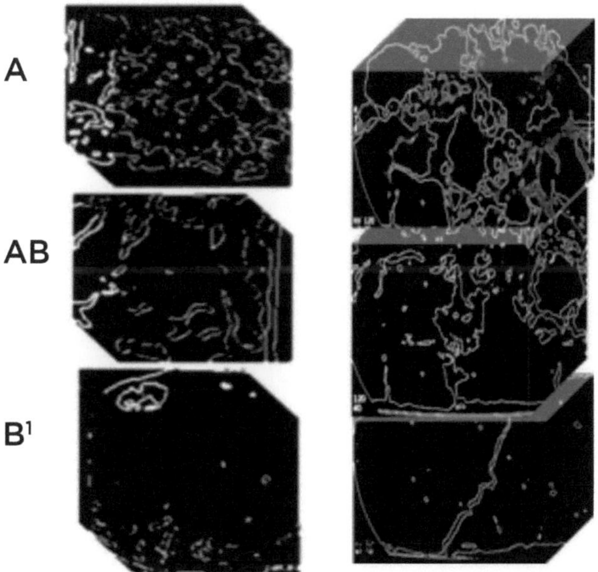

■
Figura 20.
Mapa de porosidad en dos suelos diferentes.

04

DINÁMICA DEL SUELO

INTRODUCCIÓN

La dinámica es un componente de la mecánica de suelos que trata de las propiedades y el comportamiento del suelo sometido a esfuerzos dinámicos y su respuesta durante la aplicación rápida de carga

Si se sobrepasan los límites de la capacidad resistente del suelo o si, aún sin llegar a ella, las deformaciones son considerables, se pueden producir esfuerzos secundarios en la estructura, apareciendo a su vez deformaciones importantes como fisuras, grietas, que pueden repercutir en casos extremos en el colapso de la arquitectura del suelo.

Los suelos están sometidos a las cargas provenientes de las estructuras de tractores y en general de la maquinaria agrícola utilizada en el laboreo, y además están expuestos a una gran variedad de procesos naturales y acciones del hombre que modifican sus propiedades.

En el estudio de la dinámica del suelo es muy importante el conocimiento y medición de propiedades tales como módulo de ruptura, consistencia, friabilidad, presión, compactación, deformaciones por cargas compresivas y fractura.

CONSISTENCIA

Etimológicamente, consistencia es la cualidad de aquello que tiene capacidad de mantener sus partes en conjunto; en el lenguaje común significa estabilidad, coherencia de una cosa. En mecánica de suelos es la cualidad de un suelo relacionado con la mayor o menor facilidad con que puede fluir, deformarse o romperse. Para un suelo determinado varía de acuerdo con los cambios que presentan en su contenido de humedad, condiciones de su estructura y densidad.

Los límites de consistencia, también llamados límites de Atterberg, permiten describir el comportamiento mecánico, actual o potencial, de los materiales geomorfológicos y pedológicos de acuerdo a diferentes contenidos de humedad. Los estados, límites e índices de consistencia son criterios importantes en la geomorfología de los movimientos en masa. Estas relaciones están controladas por la granulometría y la mineralogía de los materiales; por lo general, materiales arcillosos son mayormente susceptibles a deslizamiento, mientras que materiales de limo y arena fina son más propensos a solifluxión. Un bajo índice de plasticidad hace el material más susceptible a licuefacción, con riesgo de generar flujos de lodo. El modelo gráfico de Carson & Kirkby, muestra como las soluciones de continuidad que relacionan los mecanismos básicos de hinchamiento, deslizamiento y flujo, pueden ser segmentadas para diferenciar tipos de movimiento en masa.

Hasta el presente se reconocen los cuatro estados que estableció Atterberg y que se denominan Límites de Atterberg; tales estados son: líquido, plástico, semisólido y sólido.

A partir de los valores de los límites de Atterberg se han definido varias magnitudes, entre los cuales se señalan: índice de plasticidad, índice de fluidez o liquidez, índice de consistencia y el índice de retracción.

Indice de plasticidad

Expresa la amplitud del rango de humedad dentro del cual el suelo se comporta como plástico.

Indice de retracción

Indica la amplitud del rango de humedad dentro del cual el suelo se encuentra en estado semi-sólido.

LA INTENSIFICACIÓN DE LA AGRICULTURA PARA CUMPLIR LOS OBJETIVOS ALIMENTARIOS DE UNA **POBLACIÓN MUNDIAL** EN RÁPIDO CRECIMIENTO PROBABLEMENTE ACENTÚE LOS PROBLEMAS YA AGUDOS DE LA **COMPACTACIÓN DEL SUELO** Y EL DETERIORO DE SU ESTRUCTURA EN MUCHAS REGIONES DEL MUNDO.

IMPORTANCIA DE LOS
límites e índices de consistencia en la agricultura

Los límites dan información sobre el comportamiento de los suelos en respuesta a fuerzas aplicadas por tránsito de maquinarias y realización de labranzas. El límite plástico representa el contenido de agua por encima del cual las arcillas son plásticas y susceptibles a una degradación estructural por reacomodamiento de partículas. El Límite plástico, indica la humedad por encima de la cual no debe ser labrado el suelo debido a riesgos de compactación, ya que este límite indica la franja de plasticidad, es decir donde ocurren deformaciones plásticas no recuperables (Hillel, 1982).

El índice de plasticidad obtenido de la diferencia entre el límite líquido y el limite plástico (LL – LP), determina el rango de humedad en el cual el suelo es plástico y presenta mayores riesgos para su manipulación con equipos de labranza, por los posibles efectos de compactación y sellado de la superficie.

COMPACTACIÓN

La intensificación de la agricultura para cumplir los objetivos alimentarios de una población mundial en rápido crecimiento probablemente acentúe los problemas ya agudos de la compactación del suelo y el deterioro de su estructura en muchas regiones del mundo. La sensibilidad de la estructura del suelo a las prácticas de gestión agronómica y la falta de observaciones y mediciones confiables no permiten evaluar las tasas de recuperación de la estructura del suelo después de la compactación. Lo anterior motivó a un grupo de científicos a establecer un Observatorio de la estructura del suelo, cuyo objetivo principal es proporcionar datos de observación a largo plazo sobre la evolución de la estructura del suelo después de la perturbación por compactación, lo cual permite la cuantificación de las tasas y los tiempos de recuperación de la compactación (Keller, 2017).

Como un elemento natural, el suelo posee un equilibrio entre los diversos factores que lo influyen; un cambio en dicho equilibrio provoca una alteración física, química y biológica. Hay suelos con una tendencia más o menos acentuada a la compactación en función de la composición, estructura y contenido de humedad. La compactación es un proceso que causa un aumento de la densidad aparente, acompañado por una disminución en el volumen de aire.

La compactación de los suelos agrícolas está en relación con el tamaño de los agregados, humedad del suelo, los procesos de manejo y del estado biótico en que se encuentran. El agravamiento de la compactación del suelo está relacionado con las tendencias modernas de aumentar constantemente el poder y el peso de los vehículos e implementos agrícolas que hoy pueden alcanzar cargas en las ruedas superiores a los 10 megapascales.

En un suelo la compactación se produce por la reorientación de las partículas o por la distorsión de las mismas. En un suelo no cohesivo la compactación ocurre mayormente por la reorientación de los granos para formar una estructura más densa. La presión estática no es muy efectiva en este proceso porque los granos se acuñan unos contra otros y resisten el movimiento; si los granos se pueden liberar momentáneamente, las presiones, aún las ligeras, son efectivas para forzarlos a formar una distribución más compacta.

El agua que fluye también reduce el rozamiento entre las partículas y hace más fácil la compactación; sin embargo, el agua en los poros también impide que las partículas tomen una distribución más estrecha, por lo cual la corriente de agua solo se usa para ayudar a la compactación cuando la textura es de granos tan gruesos que el agua abandona los poros rápidamente.

En los suelos cohesivos la compactación se produce por la reorientación y la distorsión de los granos; esto se logra por una fuerza que sea lo suficientemente grande para vencer la resistencia de cohesión por las fuerzas entre las partículas.

La compactación produce alteraciones en las condiciones físicas y mecánicas lo cual repercute cambios en las relaciones óptimas que deben existir entre la planta, el suelo, el contenido de nutrientes y los contenido de agua y aire. Para el manejo y utilización de los suelos agrícolas es necesario conocer sus condiciones de humedad para un mejor uso sin causar cambios estructurales desfavorables.

Los costos reales de la compactación del suelo son asumidos por la pérdida acumulativa de la funcionalidad del suelo después de un evento de compactación significativo; por lo tanto, la cuantificación de los costos de compactación (incluyendo la severidad de la compactación) requiere conocimiento sobre las tasas de recuperación de la estructura del suelo después de la compactación.

Keller y otros autores (2017), diferenciaron el impacto de compactación instantánea y el daño de compactación, y definen el impacto de la compactación instantánea como el efecto inmediato de un evento de compactación en el suelo, mientras que, el daño de compactación se relaciona con efecto de compactación integrado sobre la recuperación de la estructura. Los autores consideraron que se podía describir el daño de compactación (DC) con la siguiente fórmula:

$$DC = \int (IC \{1-[Tr (t) \, dt]\} \, dt)$$

Donde:

IC es el impacto de la compactación inmediata
Tr, es la tasa de recuperación de la estructura del suelo (una función del tiempo), y
t es el tiempo transcurrido desde la compactación.

Pinzón (2015), evaluó el grado de compactación en el primer horizonte del suelo Typic Hapludands, en descanso, que había sido utilizado en ganadería. La comparación entre resultados de los cilindros con suelo compactado a diferentes energías de compactación indica una disminución de volumen traducida en una variación de la altura del suelo hacia la superficie; naturalmente, ello indica una disminución cercana al 50% del espacio de poros ocupados por el aire. Las muestras de suelos en los anillos compactados se expusieron a los rayos X del tomógrafo para lograr su imagen (fig. 21); se observan los daños ocasionados tanto en estructura como en porosidad a causa de la diferente energía de compactación del suelo. ■

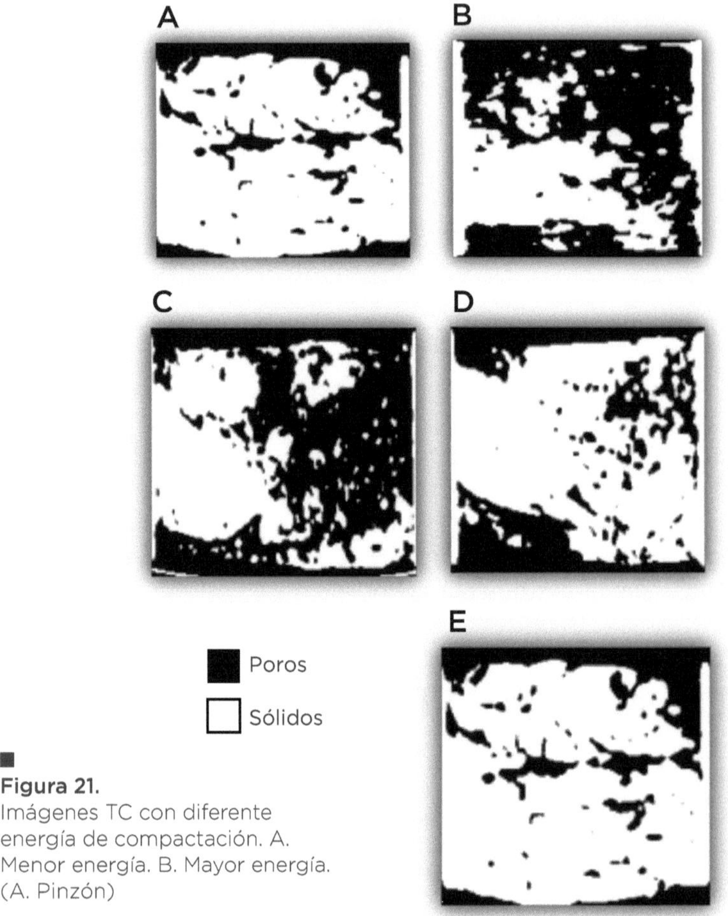

Figura 21.
Imágenes TC con diferente
energía de compactación. A.
Menor energía. B. Mayor energía.
(A. Pinzón)

EL EFECTO DEL TRÁNSITO DE ANIMALES SOBRE EL SUELO

Está relacionado con las presiones ejercidas sobre el suelo, lo cual es función de la masa del animal, el tamaño de su pezuña y la energía cinética. Se calcula que la presión de pisoteo de un bovino es de 400 kilos, es decir 3,5 kilogramos por centímetro cuadrado. Las presiones ejercidas por ovinos, cuando están parados, ■ promedian 66 kPa; estas presiones son equiparables a las ejercidas por rodamientos de tractores no cargados (74 - 81 kPa), y las presiones de tracción (58 kPa) de vehículos arrastrados.

El peso que se ejerce sobre el suelo durante el desplazamiento del ganado sobre él debe considerarse puesto que, al caminar, los animales sólo apoyan dos o tres de sus pezuñas; por otra parte, la intensidad de tránsito dependerá mucho de la disponibilidad de forraje y la distancia a los bebederos. Sin embargo, debe tenerse en cuenta que un vacuno o un ovino pueden estar transitando entre 12 y 13 horas por día.

Uno de los tantos efectos de la compactación lo explica el fenómeno natural del Ciclo del Etileno en el cual, inmediatamente finalizada una jornada de pastoreo, la compactación es tan alta que los microorganismos, especialmente de tipo bacteriano anaeróbico, se activan dada la ausencia de oxígeno en el suelo, mientras que los aeróbicos se inactivan por el mismo motivo; estos organismos anaeróbicos son lo que producen el gas etileno (Franco ,2014).

La intensificación proyectada de la agricultura para cumplir los objetivos alimentarios de una población mundial en rápido crecimiento probablemente acentúe los problemas ya agudos de la compactación del suelo y el deterioro de la estructura del suelo en muchas regiones del mundo. En el país no se ha hecho un estudio riguroso sobre la compactación, a pesar de que solo el 16.8% del territorio tiene vocación ganadera; sin embargo, se cuenta con el 35% destinado a esta actividad, y es probable que ello aumente con las necesidades de la población que cada día va en aumento.

La evidencia contradictoria de los tiempos de recuperación de compactación y la discrepancia en las estimaciones de tasa de recuperación entre los estudios de campo y laboratorio es una manifestación del conocimiento parcial e incompleto de los procesos clave involucrados en la recuperación de la estructura del suelo y, más en general, la dinámica de la estructura del suelo. Una brecha importante en nuestro conocimiento de la dinámica de la estructura del suelo identificada anteriormente es la discrepancia en escalas temporales y espaciales entre las investigaciones de laboratorio y los estudios de campo bajo condiciones climáticas naturales y la falta de observaciones de campo sistemáticas en la escala de tiempo adecuada (años a décadas). En consecuencia, la investigación sobre la evolución de la estructura del suelo requiere, entre otros, estudios de campo a largo plazo que incluyan una infraestructura de investigación adecuada para el monitoreo.

Una comprensión más definitiva de las tasas y tiempos de recuperación del suelo compactado no solo es necesaria para estimar los costos reales de la compactación, sino que también podría usarse una descripción más cuantitativa de mecanismos naturales de recuperación de la compactación y vías de recuperación. Desarrollar métodos o estrategias para el manejo específico de los diferentes tipos de suelos. En términos más generales, una mejor comprensión de la dinámica de la estructura del suelo debido a procesos biofísicos podría ofrecer un camino para aprovechar los procesos biológicos para mejorar las condiciones físicas y ecológicas del suelo para la producción agrícola (Hallett et al., 2013). Se necesitan urgentemente protocolos para mejorar la recuperación de la estructura del suelo y más específicamente la formación de la estructura del suelo.

FRIABILIDAD

La friabilidad es una propiedad dinámica y determinante en la respuesta físico-mecánica del suelo a la labranza. Se ha definido como la tendencia que tiene una masa del suelo no confinada a desmoronarse en un conjunto particular de agregados de menor tamaño, debido a la tensión aplicada (Dextery Watts, 2004a). La friabilidad juega un papel fundamental en el manejo físico mecánico del suelo, al indicar el estado óptimo en el que se deben llevar a cabo las actividades de labranza para obtener una cama de siembra adecuada con mínimo consumo de energía (Avila, 2015).

Su respuesta se ha asociado a la naturaleza de otras propiedades edáficas como son: mineralogía de arcilla, humedad, agregación de menor tamaño y carbono orgánico; por ello el estudio de la friabilidad resulta complejo por ser una propiedad dinámica, que cambia periódicamente por su estrecha relación con el contenido de agua en el suelo; esto ha conducido a buscar sus relación con los potenciales mátricos y el límite plástico, con el fin de establecer ese contenido de agua adecuado para la labranza del suelo sin reducir su calidad física.

Existen diferentes métodos cualitativos para determinar la friabilidad del suelo, que pueden aplicarse directamente en campo, pero su resultado es subjetivo y puede variar de un evaluador a otro. Los métodos cuantitativos son más precisos y reproducibles, pero requieren para su realización equipos más complejos, mayor tiempo y personal calificado.

LA FRIABILIDAD JUEGA UN PAPEL FUNDAMENTAL EN EL MANEJO FÍSICO MECÁNICO DEL SUELO, AL INDICAR EL ESTADO ÓPTIMO EN EL QUE SE DEBEN LLEVAR A CABO LAS ACTIVIDADES DE LABRANZA PARA OBTENER UNA CAMA DE SIEMBRA ADECUADA CON **MÍNIMO CONSUMO DE ENERGÍA** (AVILA, 2015).

La técnica más confiable para determinar la friabilidad de los suelos se fundamenta en la determinación de la resistencia al corte (fig. 22). Este método cuantitativo ofrece la posibilidad de establecer la friabilidad del suelo mediante pruebas de compresión en terrones o agregados de diferente tamaño, en condición de suelo seco o a diferentes contenidos de agua. ■

Figura 22.
Compresión en agregados en un suelo de la amazonía. (A. Pinzón)

El índice de friabilidad se calcula a partir de la ecuación descrita por Dexter y Watts (2001):

$$RR = 0.576 \, (P / De^2)$$

RR= es la resistencia al rompimiento, generalmente expresada en kPa
P= el valor del pico de fuerza registrada al momento de la ruptura en N
De = el diámetro efectivo de los agregados
0.576 = constante de proporcionalidad.

LO QUE SE DESEA CON EL ESTADO FRIABLE DEL SUELO ES QUE LOS AGREGADOS MÁS GRANDES AL ROMPERSE POR EL EFECTO DE UN ESFUERZO APLICADO SE FRAGMENTEN EN UN CONJUNTO HOMOGÉNEO DE AGREGADOS MÁS PEQUEÑOS RESISTENTES A LA DEGRADACIÓN Y CUYO TAMAÑO OFREZCA UN MEDIO ÓPTIMO PARA EL DESARROLLO DEL SISTEMA RADICAL DE LAS PLANTAS.

Lo que se desea con el estado friable del suelo es que los agregados más grandes al romperse por el efecto de un esfuerzo aplicado se fragmenten en un conjunto homogéneo de agregados más pequeños resistentes a la degradación y cuyo tamaño ofrezca un medio óptimo para el desarrollo del sistema radical de las plantas. En general los agregados grandes son relativamente débiles y los agregados pequeños son fuertes y resistentes al desmoronamiento (Dexter, 1977)-

Fippin (1910), discutió la fractura del suelo utilizando la teoría de la cohesión; posteriormente Russell (1938), fue el primero en hablar acerca de la naturaleza jerárquica de los agregados en el suelo. La falla en tensión fue considerada por Ricards (1953) Kirkhan y otros (1959), quienes sugirieron que se mida el módulo de ruptura como una propiedad física importante del suelo para conocer y evaluar su fractura.

MODULO DE RUPTURA

El módulo de ruptura se define como la fuerza máxima para romper un molde de suelo de determinado tamaño; esta fuerza se correlaciona con la fuerza que deben ejercer las plántulas para emerger (Ricards, 1953).

Influencia del material original

Casi todos los suelos desarrollados en un Complejo Precámbrico que incluye gneis, granito y esquistos son propensos al encostramiento cuando quedan expuestos a las gotas de lluvia. Los suelos derivados de esquistos, más ricos en limo, generalmente presentan problemas más severas de encostramiento que los de gneis o granito (Poss y Valentin, 1983; Valentin et al., 1990). Además, la estabilidad de los suelos caoliníticos a la formación de costras aumenta a medida que se intensifica la meteorización (Smith 1990).

Los suelos de rocas básicas muestran una mayor resistencia a la formación de costra que los suelos formados en granito (Smith, 1990). Esto se ha observado también en África occidental, donde los suelos desarrollados sobre rocas básicas verdes tienen una estructura estable y una alta infiltración (Casenave y Valentin, 1989 y 1991). Los suelos derivados de materiales aluviales son muy ropensos a la formación de costras porque las partículas ya han sido reordenadas (Valentin 1981; Ruiz Figueroa, 1983; Valentin y Ruiz Figueroa, 1987).

La formación de costras sigue a un humedecimiento y posterior secado con reorientación de las partículas (USDA, 1985). Los factores que intervienen en la formación de la costra superficial son múltiples y se destacan los altos contenidos de sodio intercambiable, los bajos contenidos de materia orgánica y la mecanización excesiva.

Según el IDEAM (2018), Colombia tiene 14 millones de hectáreas degradadas por salinización, es decir 12,3 por ciento del área continental e insular. Se sabe que las degradación de los suelos afectados por sales se convierte en un grave problema por el deterioro de las propiedades físicas, químicas y biológicas, lo cual conduce a limitaciones severas en el aprovechamiento del suelo.

EMERGENCIA DE LAS PLÁNTULAS

Las costras del suelo reducen la infiltración de agua en el suelo, agotando así su posible almacenamiento y la posibilidad de germinación de las semillas; además, forman un obstáculo mecánico para el desarrollo de las plantas.

CÁLCULO DEL MÓDULO DE RUPTURA

El módulo de ruptura se calcula mediante la siguiente expresión matemática:

$$S = \frac{3FL}{2bd^2}$$

S= módulo de ruptura en dinas.cm²
F = fuerza de ruptura (gramos-masa)
L = distancia entre cuchillas, en cm
b= ancho de los bloques de suelo, en cm
d= es el espesor del bloque de suelo, cm

LAS COSTRAS DEL SUELO REDUCEN **LA INFILTRACIÓN DE AGUA** EN EL SUELO, AGOTANDO ASÍ SU POSIBLE ALMACENAMIENTO Y LA POSIBILIDAD DE GERMINACIÓN DE LAS SEMILLA...

05

AGUA
DEL SUELO

INTRODUCCIÓN

La Hidropedología es una rama entrelazada de la ciencia del suelo y la hidrología que estudia los procesos y propiedades interactivos pedológicos e hidrológicos en el entorno terrestre cercano a la superficie (fig. 23).

Se esperan considerables sinergias a través de la transición de la pedología con la física del suelo, hidrología y otras biociencias y geociencias relacionadas para mejorar la comprensión holística del paisaje-suelo y la relación agua-ecosistema a través del espacio y el tiempo.

La hidropedología se centra en varias fronteras de la ciencia de la zona crítica, incluida la arquitectura del suelo y flujo preferencial, humedad del suelo e hidrología de la ladera, interacciones entre la estructura hidrológica y la estructura del suelo a diferentes escalas, el complejo biofísico y bioquímico del suelo, y la ciencia de la zona crítica. Las contribuciones sobre el acoplamiento de la hidropedología con la ecohidrología o con la biogeoquímica son también bienvenidos.

La hidropedología muestra una naturaleza interdisciplinaria con la pedología, la física del suelo y la hidrología como sus piedras angulares. Tanto la pedología como la hidrología están inherentemente asociadas con la perspectiva del paisaje, mientras que la física del suelo se ha centrado tradicionalmente en la escala de pedones.

LA HIDROPEDOLOGÍA SE CENTRA EN VARIAS FRONTERAS DE LA CIENCIA DE LA ZONA CRÍTICA, INCLUIDA LA ARQUITECTURA DEL SUELO Y FLUJO PREFERENCIAL, HUMEDAD DEL SUELO E HIDROLOGÍA DE LA LADERA, INTERACCIONES ENTRE LA ESTRUCTURA HIDROLÓGICA Y LA ESTRUCTURA DEL SUELO A DIFERENTES ESCALAS, EL COMPLEJO BIOFÍSICO Y BIOQUÍMICO DEL SUELO, Y **LA CIENCIA DE LA ZONA CRÍTICA.**

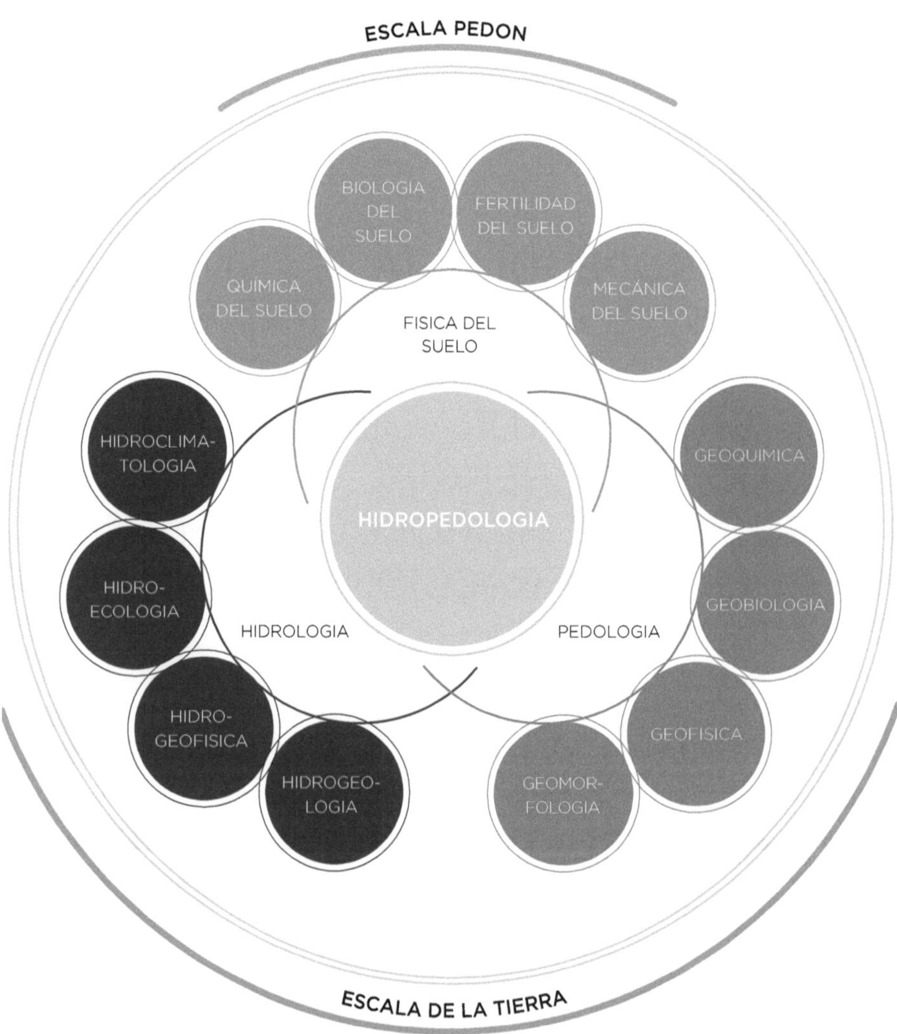

Figura 23.
Sinergias a través de la transición de la pedología con la física del suelo. (Tomado como referencia de Hirmas et al. SSSAJ, 2015).

En los primeros días de la física del suelo, se hizo un gran trabajo con el fin de establecer el límite superior e inferior del agua disponible para la planta. La primera publicación sobre los experimentos sobre el límite inferior se debe a Briggs y Shantz en 1913; estos investigadores plantaron girasoles en pequeñas macetas en condiciones de invernadero, dejando que las plantas utilizaran el agua hasta tanto no pudieran recuperarse, después de lo cual midieron el contenido de agua. La capacidad de medir el potencial hídrico llegó un poco más tarde en la década de los años 30 utilizando placas de presión; cuando estas mediciones comenzaron a ser disponibles se encontró una correlación entre los -15 bares en la placa de presión y las mediciones determinados por Briggs y Shantz; así, -1500 kPa (-15 bares) fueron valores establecidos como límite inferior de agua disponible para la planta, es decir, lo que se llamaba punto de marchitez permanente. Para el contenido de agua a capacidad de campo se estableció un potencial de agua fijo, pero al parecer el proceso fue similar al del límite inferior, y se estableció - 30 kPa (-0.3 bares) como el potencial hídrico o límite superior drenado en el suelo.

Con los años algunos investigadores han puesto en marcha en el laboratorio los experimentos de Briggs y Shantz y también han tomado mediciones en campo una vez que las plantas han extraído toda el agua; los investigadores concluyeron que el punto de marchitez no mostró ni una sola vez un valor a -1500 kPa. (-15 bares). En el caso del cultivo de patatas, el punto de marchitez fue aproximadamente 1000 kPa (-10 bares) y para el trigo aproximadamente -300 kPa (-30-bares). Los investigadores tambien encontraron que el punto de marchitez permanente varía con el tipo de cultivo, con la textura del suelo y con otras propiedades físicas de éste.

La capacidad de campo y el punto de marchitez permanente son propiedades dinámicas del suelo que dependen de la velocidad a la cual el agua es extraída por la planta, o la velocidad a la que está siendo aplicada; también dependen del tiempo que tarda la planta para absorberla después del riego. Del mismo modo, si una planta puede utilizar el agua rápidamente sin que ésta sea interceptada o, si una planta está utilizando el agua poco a poco, esta se moverá hacia abajo más allá de la zona de las raíces y de la parte inferior del perfil del suelo antes de que la planta pueda utilizarla. Estos son fenómenos dinámicos que hoy día se continúa tratando de describir apelando a variables estáticas. Es entonces un punto que amerita más análisis e investigación, por lo cual, es necesario una cifra para realizar cálculos, siendo importante entender los factores que afectan a ese número.

Lo que autora espera es contribuir a la apertura de nuevas y más precisas teorías que permitan comprender con más profundidad toda la serie de fenómenos conectados con la dinámica del agua y la hidropedología del suelo.

El Dr. Steve Levitt, científico de suelos, comentando acerca de las ideas científicas anticuadas dice: "Me encanta la idea de matar las malas ideas, porque si hay una cosa que sé en mi propia vida, es que las ideas que me han dicho hace mucho tiempo se pegan conmigo, y que a menudo se olvidan aquellas cuyas fuentes si son reales; el peor tipo de viejas ideas son aquellas intuitivas".

LOS SUELOS SON MEDIOS HETEROGÉNEOS CON DIFERENTES TAMAÑOS DE PARTÍCULAS, ESTRUCTURAS MUY VARIADAS, TAMAÑOS Y GEOMETRÍA DE POROS LOCALMENTE VARIABLES. ADEMÁS, SE ENCUENTRAN PRESENTES EN EL SUELO ESTRUCTURAS DE LA **EDAFOFAUNA Y RAÍCES** DESCOMPUESTAS QUE ALTERAN EL "NORMAL" FLUJO DEL AGUA.

FLUJO DEL AGUA EN EL SUELO

Antes de entrar en una discusión sobre el flujo en un medio tan complejo como el suelo, se deben tener en cuenta algunos fenómenos físicos básicos asociados con el movimiento de los fluidos en espacios muy finos. Las primeras teorías de la dinámica del fluido se basaron en los conceptos "hipotéticos" de un perfecto fluido; estas teorías son incomprensibles para suelos; las capas de contacto no pueden exhibir fuerzas tangenciales, solo fuerzas normales.

Los procesos de flujo en los suelos controlan el suministro de agua y nutrientes en las plantas, el transporte de contaminantes y la recarga de acuíferos. Los suelos son medios heterogéneos con diferentes tamaños de partículas, estructuras muy variadas, tamaños y geometría de poros localmente variables. Además, se encuentran presentes en el suelo estructuras de la edafofauna y raíces descompuestas que alteran el "normal" flujo del agua. Todos estos factores conducen a las llamadas vías preferenciales, a lo largo de las cuales el agua fluye más rápido verticalmente de lo esperado.

La caracterización y predicción de procesos de flujo y transporte en medios porosos naturales son necesarios para preservar de forma sostenible los recursos hídricos del suelo, ante la intensificación de los niveles de cambio climático, producción de alimentos y fibras, secuestro de CO_2, y eliminación de desechos. Debido a la naturaleza irregular de los medios porosos naturales, es difícil reconocer su forma, conectividad y tamaño, por lo cual se requiere la aplicación y desarrollo de imágenes modernas, técnicas que han evolucionado rápidamente en los últimos años. Estos métodos incluyen imágenes de resonancia magnética (MRI) para visualizar en alta resolución la geometría de poros, distribución de fluidos y flujo de nanopartículas u otros trazadores en estudios a escala de columna; radiografía basada en tomografía computarizada (XRCT) para imágenes de alta resolución de la matriz sólida y fluidos integrados, como también tomografía de neutrones (NT). También se utilizan técnicas hidrogeofísicas como la tomografía de resistencia eléctrica (ERT), el radar de penetración en el suelo (GPR), que produce información detallada sobre el contenido de agua en el suelo y la tomografía de inducción electromagnética (EMI), que produce imágenes usando el efecto de corriente de Foucault.

Como se sabe, los procesos de flujo en los suelos generalmente son demasiado lentos para ser monitoreados directamente por imágenes de resonancia, por lo cual se utilizan rastreadores en las muestras de los núcleos del suelo que validan los resultados con un valor **numérico tridimensional**; el método permite la observación directa de diferentes tipos de flujo, tanto en la matriz como en el flujo preferencial. Pero, cuando encontramos en el perfil de suelo una diferencia textural, compactación u otra discontinuidad, o también, cuando son suelos con regadío frecuente, o agricultura de secano, en donde el tiempo entre adiciones de agua es más largo, hay que utilizar un número tridimensional más bajo. Por lo tanto, este mecanismo funciona muy bien solo para suelos isotrópicos.

La figura 24 obtenida por Haber-Pohlmeier (2010) es una imagen de resonancia magnética con rastreadores; el color de cada pixel indica la velocidad del agua promedio del flujo en el poro entre las posiciones verticales. Con este tipo de imágenes se aprecian y se obtienen valores más reales de la velocidad del flujo de agua en el suelo. ■

Flujo permanente o estacionario

Este tipo de flujo se caracteriza porque las condiciones de velocidad de escurrimiento en cualquier punto no cambian con el tiempo, es decir que permanecen constantes con el tiempo, o bien, cuando las variaciones en ellas son tan pequeñas con respecto a los valores medios. Así mismo, en cualquier punto de un flujo permanente no existen cambios en la densidad, presión o temperatura con el tiempo. El término estacionario significa que el sistema ha alcanzado el equilibrio, es decir, la presión intersticial en toda la masa de suelo se ha equilibrado con las nuevas condiciones de frontera.

La presión intersticial que existe en un suelo con frecuencia no es la que corresponde a las condiciones hidrostáticas, si no aquella creada por el flujo de agua a través de los poros.

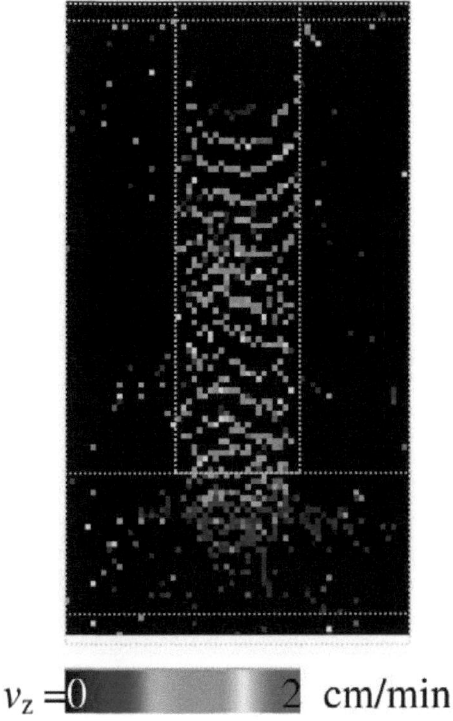

Figura 24.
Imagen de resonancia magnética, indica la
velocidad del flujo en los poros (Pohlmeier)

Flujo transitorio

Por el contrario, la condición transitoria o no estacionaria existe cuando
algo en el proceso está cambiando. Los problemas de infiltración se deben: a) la diferencia en la presión en el poro, b) la ubicación del nivel
freático, c) la velocidad flujo u otra característica está cambiando, quizás
en respuesta a un cambio en la carga o altura del agua.

Aunque los métodos basados en la ecuación de Wooding (1968) han sido
estudiados, usados y comparados en una cantidad de trabajos, otros investigadores orientaron su análisis al estudio del flujo transitorio desde

un infiltrómetro de disco, el cual presenta ventajas para trabajar sobre el modelo de flujo transitorio y son las siguientes:

A. El supuesto de homogeneidad del suelo como sistema, con un contenido uniforme de agua, se vuelve más realista con una reducción del volumen de suelo muestreado en un experimento de corta duración.

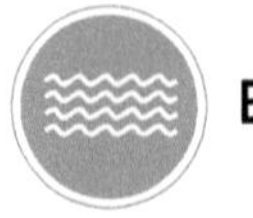

B. La variación vertical de las propiedades hidráulicas puede ser determinada con alta resolución llevando a cabo experimentos de corta duración.

C. Experimentos cortos permiten la realización de un número mayor de repeticiones en campo, lo cual es interesante para el estudio de la variabilidad espacial.

D. El régimen transitorio de infiltración contiene más información que la obtenida con el régimen estacionario.

Para entender la diferencia entre el flujo estacionario y el transitorio el ingeniero Coduto (2001) da como ejemplo una presa de suelo en un río (figura 25); algo del agua del río se infiltra a través de la presa formando un nivel freático, lo cual es una condición de estado estacionario. Si el nivel de río se eleva rápidamente, como en el caso de una crecida, el nivel freático dentro de la presa también se eleva. Sin embargo, el nivel freático dentro de la presa responde lentamente, de manera que se requerirá algún tiempo para alcanzar la nueva condición de estado estacionario. Durante este período de transición, el flujo es no estacionario o transitorio. ∎

La velocidad a la cual la presión intersticial se ajusta a los nuevos valores de equilibrio depende del tipo de suelo. Las arenas y gravas permiten un flujo rápido del agua y la presión intersticial es capaz de equilibrarse muy rápidamente. Por el contrario, en cierto tipo de arcillas, el flujo estacionario puede demorar varios años en establecerse y el período de flujo transitorio tiene particular importancia en el estudio de la consolidación y la expansión de los suelos.

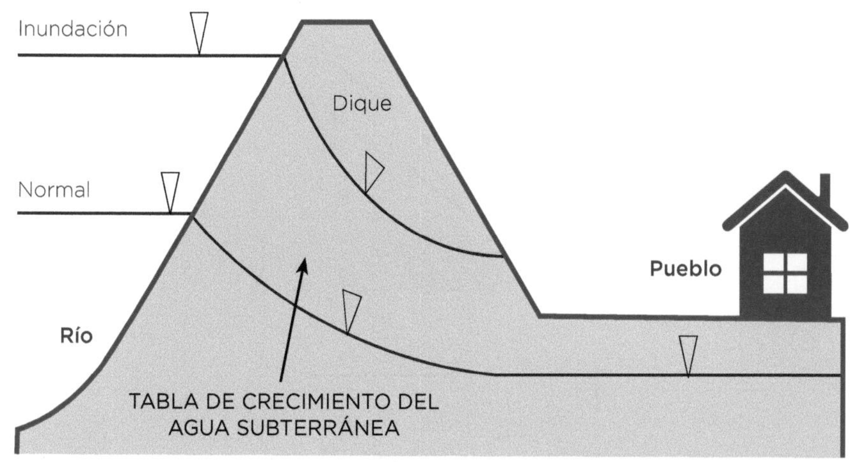

■
Figura 25.
Flujo de agua a través de una presa de suelo. (Coduto D.)

Flujo unidimensional, bidimensional y tridimensional

Para propósito de análisis es necesario distinguir entre condición de flujo en una, dos y tres dimensiones. La condición de flujo unidimensional es cuando los vectores de velocidad son paralelos y de igual magnitud, es decir, el agua se mueve siempre paralela a algún eje y a través de una sección de área constante, por lo tanto, se desprecian los cambios de velocidad transversales a la dirección principal del escurrimiento.

Las condiciones de flujo bidimensional están presentes cuando todos los vectores de velocidad están confinados a un plano, pero varían en dirección y magnitud dentro del plano; por ejemplo, el flujo en un suelo natural debajo de una losa de concreto podría ser muy cercano a la condición de flujo bidimensional descrita a lo largo de un plano vertical.

El flujo tridimensional es la condición más general; éste existe cuando el vector de velocidad varía en las direcciones "x", "y" "z", y es función del tiempo; un ejemplo podría ser el flujo hacia un pozo de agua (fig. 26). ■

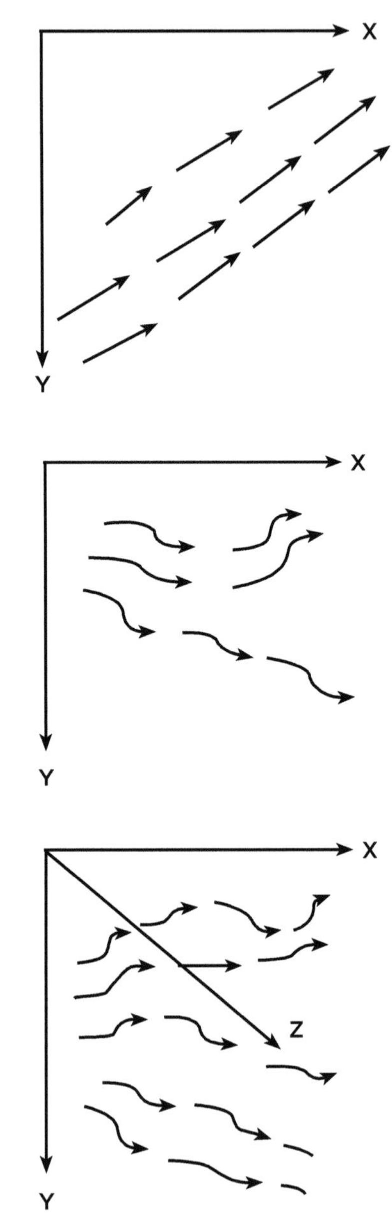

■
Figura 26.
Flujos unidimensional, bidimensional y tridimensional.

SORTIVIDAD (S)

Es una medida de la habilidad que tiene un suelo de absorber agua durante el proceso de humedecimiento. En general cuanto mayor es el valor de S, mayor será el volumen de agua que puede ser absorbida y en forma más rápida. Según Philip, la sortividad debe definirse en términos de infiltración horizontal; ecuación que tiene como razón la infiltración acumulada (I) sobre la raíz cuadrada del tiempo:

$$S = I / t^{1/2}$$

FLUJO PREFERENCIAL

El flujo preferencial es un movimiento vertical y rápido de agua a través macroporos, de poros interpedales, grietas y o canales dejados por la actividad de la edafofauna y las raíces de las plantas (fig. 27) Este proceso ha sido principalmente asociado a suelos con arcillas expandibles, sin embargo, puede ocurrir en suelos de textura gruesa. Nielsen (2010) con la ayuda de trazadores demostró que el flujo preferencial representa una importante vía de movimiento de contaminantes desde el suelo hacia los cuerpos de agua.

Propiedades de las rutas de flujo preferenciales

Las rutas de flujo preferentes pueden ser estables durante un largo período de tiempo (Hagedorny Bundt 2002). En las últimas décadas, los macroporos del suelo son vías preferenciales para el agua, el aire, los nutrientes y de los contaminantes. Los macroporos del suelo son claramente diferentes de los poros finos en la matriz del suelo, no solo en tamaño de poro, sino también en funciones hidráulicas relacionadas con una continuidad, tortuosidad y conectividad diferente (Luo at al, 2010). El movimiento del agua a través del suelo ha recibido considerable atención debido a su significado e impactos en la calidad del agua y la respuesta hidrológica. ■

Con la evolución de las técnicas de imágenes médicas, como la tomografía computarizada de rayos X (TC) y su aplicación al suelo, esto ha comen-

Figura 27.
Flujo preferencial de un suelo vertisol. A. Pinzón 2016

zado a cambiar, no solo porque las imágenes representan la realidad de la forma, distribución y conectividad de poros, sino que se adquiere una imagen del suelo en 10 segundos. Esto es lo suficientemente rápido como para capturar la parte de la estructura del suelo efímeramente afectada por el agua infiltrada y, por lo tanto, crear imágenes de la red de macroporos funcionales en tres dimensiones. Esta nueva metodología de uso de rayos X para mapear la estructura de los macroporos y vincularlos con las propiedades funcionales promete un gran avance en la comprensión de los procesos que están sucediendo en el suelo en un determinado momento.

"

ESTA NUEVA **METODOLOGÍA DE USO DE RAYOS X** PARA MAPEAR LA ESTRUCTURA DE LOS MACROPOROS Y VINCULARLOS CON LAS PROPIEDADES FUNCIONALES PROMETE UN GRAN AVANCE EN LA COMPRENSIÓN DE LOS PROCESOS QUE ESTÁN SUCEDIENDO EN EL SUELO EN UN DETERMINADO MOMENTO.

Luo (2010), al estudiar el suelo Typic Hapludalfs, en dos tipos de usos, cultivo y pastizal, encontró que las características más importantes de los macroporos para predecir el flujo preferencial fueron: la tortuosidad, el radio hidráulico y el ángulo de los macroporos. Para la visualización tridimensional de las redes de macroporos lo hizo por medio de la tomografía computarizada y tinción tradicional con colorante en los dos usos; el muestreo se llevó a cabo en columnas de 102mm de diámetro y 350mm de longitud vertical. A pesar de la considerable variabilidad dentro de cada uno de los dos usos (fig. 28), el suelo con mayor macroporosidad, menor densidad aparente, mayor contenido de materia orgánica, y una estructura más desarrollada se observó en el suelo utilizado en pasto (a); por lo tanto, el autor concluyó que la conductividad hidráulica saturada de los suelos estudiados fue una función de la macroporosidad total y de la geometría de los macroporos. ∎

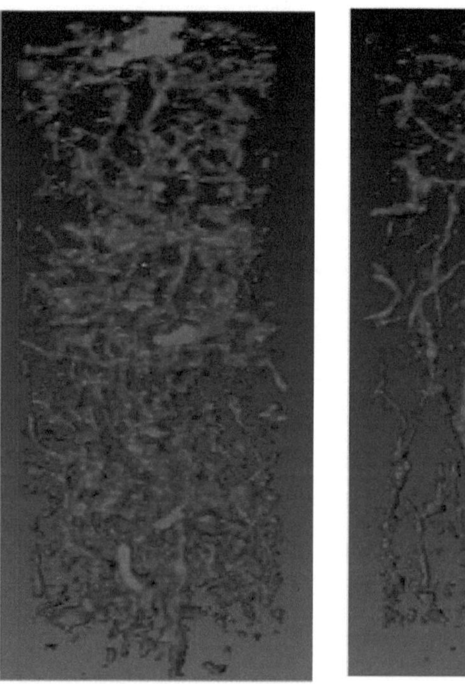
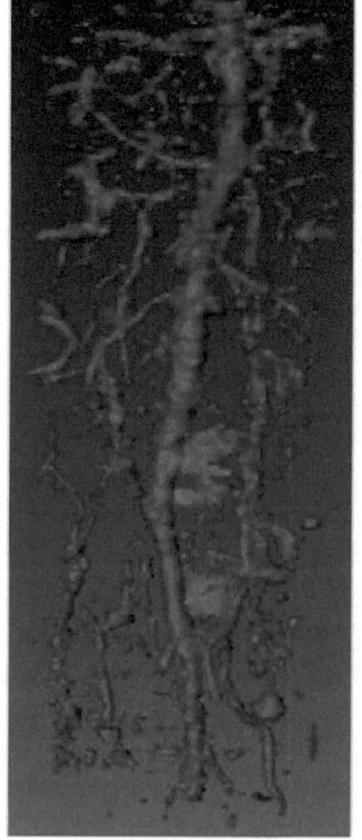

Figura 28.
Imágenes TC con tinción mostrando las redes de macroporos en dos usos. (Luo)

INFLUENCIA DEL FLUJO
preferencial sobre el medioambiente

El suelo actúa como un filtro para los acuíferos, reteniendo una gran cantidad de sustancias potencialmente contaminantes que podrían estar presentes en la solución del suelo. La capacidad del suelo de filtrar y su poder de amortiguación de contaminantes depende de muchos factores, como la textura del suelo, porosidad, composición mineralógica, contenido en materia orgánica. El transporte de contaminantes a través de caminos de flujo preferencial aumenta el riesgo de contaminación de los acuíferos debido a dos razones:

1. La velocidad de infiltración aumenta en estas zonas de flujo, reduciendo el tiempo de residencia de los contaminantes en el suelo y, por tanto, el tiempo disponible para su degradación bio-química. Como resultado, el contaminante puede alcanzar reservas hídricas subsuperficiales con mayor rapidez y en mayor concentración que cuando se asume solo el flujo matricial como único modo de transporte.

2. En las zonas de flujo preferencial, la superficie de contacto con la solución del suelo (y su contaminante co-transportado) es bastante menor que en el caso de las zonas de flujo matricial. Esto hace que disminuya la posibilidad de retener contaminantes de la solución del suelo, debido a que el transporte en estas zonas puede llegar a ser demasiado rápido para que se pueda establecer un equilibro de sorción (Jensen et al. 1998).

Otros compuestos también son susceptibles de ser movilizados mediante estos mecanismos de no-equilibrio físico como radioisótopos (Bundt et al. 2000), pesticidas (Ghodrati and Jury 1992), nutrientes como el fosforo (Toor et al. 2005), nitratos (Seo and Lee 2005), materia orgánica disuelta y metales pesados.

ZONA VADOSA

La zona vadosa se define como "una superficie heterogénea" en donde hay interacciones complejas que involucran roca, suelo, agua, aire y organismos vivos.

También se define como el espacio comprendido entre el nivel freático y la superficie, donde no todos los poros están llenos de agua (fig. 29). ■

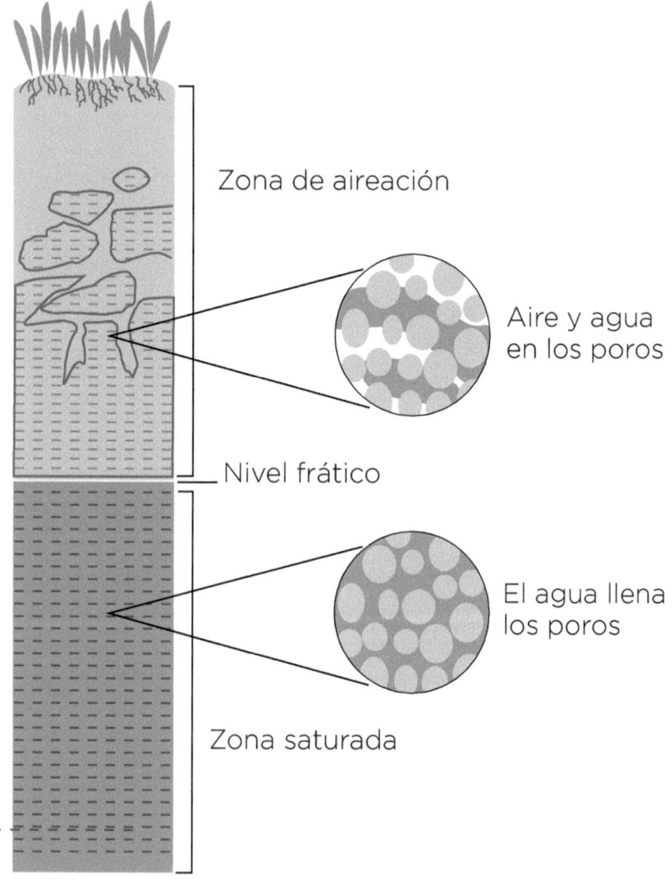

Figura 29.
Esquema de la zona vadosa. (Luo)

El perfil hidrológico va desde la zona no saturada o zona vadosa hasta la zona freática; la zona no saturada se localiza desde la superficie hasta el nivel freático permanente e incluye la zona de raíces y la franja capilar, la cual es una zona saturada de tensión que limita con el nivel freático. El agua en el nivel freático se encuentra a presión atmosférica; por encima de este nivel la presión es menor que la atmosférica y por debajo es mayor. El sistema encima de la franja capilar es no saturado; ello significa que no sólo el agua está bajo tensión, sino que parte de la porosidad está ocupada por el aire.

Según Nimmo (2007), debe hacerse un monitoreo continuo de los gases en la zona vadosa, puesto que se presenta una fuerte variabilidad espacial y temporal de las concentraciones de gas, no solo de oxígeno y gas carbónico sino también de gases inertes. La variabilidad temporal de las concentraciones de gas en la zona vadosa es controlada por reacciones biogeoquímicas y flujos de agua; a una alta saturación de agua la combinación de disolución de CO_2, y la conexión limitada a la atmósfera conduce a la reducción de O_2 y al enriquecimiento relativo de gases inertes. Nimmo (2007), sugirió que el flujo preferencial puede ocurrir a una velocidad máxima constante del agua intersticial en la zona vadosa.

PROCESOS MICROBIOLÓGICOS EN LA ZONA VADOSA

En el país no se han hecho estudios sobre la abundancia y diversidad de microorganismos en la zona vadosa ni sobre los factores ambientales que influyen en los procesos microbianos. No sabemos qué tan diferentes son las comunidades microbianas en el subsuelo terrestre en comparación con el suelo superficial. Numerosas preguntas y argumentos justifican la "profundización" del contexto espacial de la microbiología del suelo para incluir toda la subsuperfie insaturada.

La investigación relacionada con el agua requiere una mejor comprensión de los procesos en el medio ambiente, enfoques para la integración a través de escalas y un mejor acoplamiento de procesos físicos. Colectivamente se requiere un esfuerzo integrado, interdisciplinario y multiescalar para avanzar en nuestra capacidad de pronosticar y planear cambios y abordar problemas sociales críticos.

PERCOLACIÓN ES EL MOVIMIENTO DESCENDENTE DEL AGUA INFILTRADA A TRAVÉS DEL SUELO. LA INFILTRACIÓN OCURRE MÁS CERCA DE LA SUPERFICIE DEL SUELO Y LIBERA AGUA DESDE ÉSTA HACIA LA PROFUNDIDAD Y LA ZONA DE **ENRAIZAMIENTO DE LA PLANTA,** EN TANTO QUE PERCOLACIÓN LA MUEVE A TRAVÉS DEL PERFIL DEL SUELO PARA REPONER LOS SUMINISTROS DE AGUA SUBTERRÁNEA O FORMAR PARTE DEL **PROCESO DE ESCURRIMIENTO** BAJO LA SUPERFICIE...

PERCOLACIÓN E INFILTRACIÓN

La infiltración y la percolación son dos procesos diferentes pero relacionados que describen el movimiento de la humedad a través del suelo. La infiltración es una medida, mientras que la percolación es un proceso.

Percolación es el movimiento descendente del agua infiltrada a través del suelo. La infiltración ocurre más cerca de la superficie del suelo y libera agua desde ésta hacia la profundidad y la zona de enraizamiento de la planta, en tanto que percolación la mueve a través del perfil del suelo para reponer los suministros de agua subterránea o formar parte del proceso de escurrimiento bajo la superficie; por lo tanto, el proceso de percolación representa el flujo de agua desde la zona no saturada hacia la zona saturada.

En principio, los conceptos de la teoría de la percolación deberían adecuarse para cuantificar la conectividad de las vías de flujo preferidas, pero hasta ahora no se ha probado su importancia para los suelos en el campo; se cree que la conectividad de las redes de macroporos ejerce un importante control sobre la percolación. Para conocer dichas teorías se necesita investigar la arquitectura del espacio de poros del suelo lo cual se obtiene utilizando la tomografía computarizada.

En principio, los conceptos de la teoría de la percolación deberían ser adecuados para caracterizar la conectividad de las vías de flujo preferidas (Western et al., y Renard y Allard, 2013). En la hidrología de las laderas se han empleado conceptos de percolación para comprender y modelar tanto el escurrimiento superficial como el desprendimiento sub-superficial de la pendiente descendente sobre un límite irregular de roca y suelo (Lehmann et al., 2007 y Janzen y McDonnell, 2015). Todas estas teorizaciones son de gran utilidad en el manejo de proyectos y tratamiento de problemas de envergadura especialmente en zonas de laderas que admiten riesgos por pendientes pronunciadas y suelos característicamente frágiles por la naturaleza de sus materiales.

CONDUCTIVIDAD HIDRÁULICA

El conocimiento de los mecanismos de movimiento del agua tanto en los horizontes superficiales como en los subsuperficiales del suelo ocupa un lugar preponderante en muchas áreas de investigación como la agronomía, la ingeniería civil, la hidrología y las ciencias ambientales.

La conductividad hidráulica expresa la capacidad de un medio poroso para conducir agua y constituye un concepto más general que la permeabilidad, de la cual se diferencia porque depende no sólo de las características del espacio poroso, sino también de la condición misma del agua. Por tanto, la conductividad hidráulica del suelo depende principalmente de su estructura, de su contenido de humedad y de la temperatura del agua.

La conductividad disminuye al tiempo que ocurre también una disminución del contenido de humedad, puesto que la sección útil de los poros (agua en estado líquido) se reduce y la tortuosidad aumenta. Por otra parte, por ser los poros mayores los primeros en vaciarse, las moléculas de agua quedan más próximas a las superficies de las paredes de los poros, por lo cual se produce un incremento de la resistencia viscosa a la filtración. Por estas razones la conductividad hidráulica se considera como una función del contenido de agua del suelo (Klute & Dirksen, 1986); por tanto, dos medios con la misma porosidad pueden mostrar distinta conductividad hidráulica.

El manejo de los suelos influye en las propiedades físicas del mismo con marcado énfasis en las hidráulicas; la medición de estas últimas se ha constituido en uno de los temas predilectos de investigación en la Física de Suelos. El infiltrómetro de disco a tensión y el minidisco, se han convertido en valiosos instrumentos para la medición in-situ de las propiedades hidráulicas del suelo.

La mayoría de las técnicas de análisis de la información lograda con este instrumento se basan en la obtención de la tasa de flujo estacionario para tiempos largos, aunque actualmente se encuentran disponibles también expresiones analíticas aproximadas para el flujo transitorio desde un infiltrómetro de disco en tres dimensiones y no confinado (Janzen y McDonnell, 2015).

PARA MAYOR AMPLIACIÓN SOBRE CONDUCTIVIDAD HIDRÁULICA, CONSULTAR **"APUNTES SOBRE FISICA DEL SUELO I"** DE LA MISMA AUTORA.

COMENTARIO FINAL

La física del suelo tiene una doble identidad: es a la vez una rama de la física y una rama de la ciencia del suelo, pero su legitimidad como ciencia depende de su pretensión de ser física; esto implica una estructura auto consistente de definiciones y conceptos subyacentes a las ecuaciones que realmente usamos. Al examinar algunos de nuestros conceptos básicos, específicamente aquellos que relacionan la curva de retención de agua con la distribución del tamaño de poro, la relación de conductividad hidráulica no saturada y el modelo de convección-dispersión, encontramos que los tres se basan en la noción de que el suelo está compuesto de haces de tubos capilares. Este modelo conceptual subyacente carece de autoconsistencia, lo cual amenaza nuestra pretensión de ser una ciencia legítima y una conexión firme con la realidad, que amenaza nuestra capacidad de razonar y predecir con éxito.

Argumentamos que durante las últimas décadas nuestras luchas son artefactos para construir teorías a partir del modelo conceptual defectuoso del suelo como un paquete capilar. Proponemos en su lugar un concepto de red de poros, que puede aplicarse utilizando las matemáticas de la teoría de la percolación. Debemos construir sobre un modelo conceptual sólido y autoconsistente en la enseñanza, la investigación y la aplicación, para que la física del suelo pueda basarse con firmeza en los suelos y en la física, y enfrentar los muchos desafíos de la sociedad en la producción de alimentos, la hidrología, la calidad del agua, la bio- energía y el cambio climático.

Comenzar a partir de un modelo conceptual defectuoso conduce a una intuición defectuosa acerca de cómo funciona el transporte de fluidos. También significa que cada "avance" es simplemente un nuevo parche empírico, y no un aumento genuino en la comprensión.

Se espera que los científicos del suelo reconozcan las muchas ventajas de construir teorías y aplicaciones sobre una base firme.

BIBLIOGRAFÍA

A

ALAOUI, A., J. LIPIEC and H.H. GERKE. 2011 A review pf the changes in the soil pore systems due to soil deformation: A hydrodynamic perspective. Soil Tillage Res.

ANDREUX, F. 2005. La materia orgánica del suelo desde la perspectiva pedogenética. Revista Suelos Ecuatoriales de SCCS.

AVILA, E. 2015. Friabilidad de los suelos: Influencia de la mineralogía de la fracción arcilla y su relación con otras propiedades edáficas. Estudio de caso: Suelos cultivados en caña de azúcar del Valle del Cauca (Colombia). Tesis de doctorado UN Bogotá D.C., Colombia.

B

BELL, M.J. et al., 1998. The role of active fractions of the soil organic matter in physical and chemical fertility of ferrosols. Aust. J. Soil Res.

BENITES, V.M. et al 2007. Pedotransfer functions for estimating soil bulk density from existing soil survey reports in Brazil. Geoderma.

BENJAMIN, J. G. et al. 2008. Organic carbon effects on soil physical and hydraulical properties in a semiarid climate. Soil. Sci. Soc. J.

BOIVIN, P., B. and W. Sturny. 2009. Quantifying the relationship between soil organics carbon and soil physical properties in the Texas Rolling Plains. Soil Science.

C

CASTIGLIONI, M. 2005. Cátedra de Manejo Conservación de Suelos Facultad de Agronomía. Universidad de Buenos Aires.

CODUTO, D. 2001. Geotechnical Engineering. Prentice Hall. p.220

CHEN et al., 2011. Changes in preferential flow path distribution and its affecting factors in southwest China. Soil Science.

CRESTANA, S and C.M.P. en 1985. Non-invasive instrumentation opportunities for characterizing soil porous systems. Soil Tillage Res.

D

DEXTER, A.R. et al, 2008. Complexed organic matter controls soil physical properties. Geoderma.

DEXTER, A.R., 2004a. Soil physical quality Part I. Theory, effects of soil texture, density, and organic matter, and effects on root growth. Geoderma.

DOUGLAS, J.T. et al 1986. Structure of a silty soil in relation to management. Journal of Soil Science.

DURNER, W. 1994 Hydraulic conductivity estimation for soils with heterogeneous pore structure. Water resour. Rev.

F

FIPPIN, E. 1910. Some causers of soil granulation. Agronomy J-

G

GHEZZEHEI, T.A. 2002. Soil structure. In: P. Guang et al., Editors, Handbook of soil science

GERMANN, P., 2018. Hydromechanics in preferential flow. Soil Science.

GERKE, H. 2010. Preferential al and unstable Flow: from the pore to the catchment scale. Vadose Zone J.

H

HABER-Pohlmeier. S. 2017. Quantitative mapping of solute accumulation in a soil by magnetic resonance imaging. Journal

Haber-Pohlmeier, S. 2010. Water flow monitored by trace transport in natural porous media using magnetic resonance imaging. Vadose Zone J.

HALLETT, P.D., A.R. Dexter, and S. Yoshida et al., 2013. A history of understanding crack propagation and tensile strength of soil. Advances in agricultural Systems Modelling SSSA.

HAYNES, R. J. 2005. Labile organic matter fractions as central components of the quality of agricultural soil. An overview. Agronomy.

HILLEL, D. 1998 Environmental soil physics. Academia press. San Diego. EEUU.

HELLIWELLA, J. 2013. Applications of X-ray computed tomography for examining biophysical interactions and structural development in soil systems. Soil Science. 64, 279–297.

HILLEL, D. 1998 Environmental soil physics. Academy press. San Diego. EEUU. Pag. 771.

HORNJH and FLeige (2003),

HUNT, S.; EWING R.; R HORTON.2015. What's wrong with soil physic?

I

IDEAM, UDCA 2015. Protocolo para la identificación y evaluación de la degradación de suelos por erosión

J

JARVIS, N. J. 2007. A review of non-equilibrium water flow and solute transport in soil macropores: principles, controlling factors and consequences for water quality. European J. Soil Sci.

JARVIS, N 2007 y Luo et al., 2010 Aplication of non-invasive imaging techniques has revealet that macropores in soils generally from partially-connected networks of rater complex topology. Geoderma.

K

KAUR, R.S. et al. 2002. A pedo-transfer function (PTF) for estimating soil bulk density from basic data and its comparison with existing PTFs. Aus. J.Soil Res.

KAY, B. D. 1997. Soil structure and organic carbon. Soil processes and the carbon cycle. CRC.

KELLER, T. 2017 T. et al. 2016. Long-Term Soil Structure Observatory for Monitoring Post-Compaction Evolution of Soil Structure. Vadose Zone Journal

KIRKHAN, D., et al. 1959. Air permeability at the field capacity as related to soil structure and yields. Water Resour.

KÖHNE,J.M. et al. 2011. A review of model applications for structured soils. J. Contam. Hidrol.

KOROSAK. 2013 SACHA M. 2013 Applications of Complex Network Models to describe Soil Porous Systems. ACDESS

KRAVCHENKO,A., A.N. Wang y A.J.Smucker. 2011 .Long -Term differences in tillage and land use affect intra-aggregate pore heterogeneity. Soil Sci   AmJ.

KVAERNEO, S.H., L. E. Haugen. 2011. Performance of pedotransfer functions in predicting soil wáter characteristics of soil in Norway. Acta Agric. Scand. Sec.B

L

LARSBO, et al. 2016. Connectivity and percolation of structural pore networks in a cultivated silt loam soil quantified by X-ray tomography. Geoderma.

LEHMANN et al., 2007. As a threshold response to precipitation influenced by the connectivity of topographic depressions along the slope. Geoderma.

LEON S., T. 2007. Medio ambiente tecnología y modelos de agricultura en Colombia. Instituto de estudios ambientales IDEA. Universidad Nacional de Colombia.

LETEY,1991 The study of soil structure. Science or art. Aust. J.Soil

LIN, H.S. et al 1999. Effects of soil morphology on hydraulic properties. Soil Sci. Soc. Am. J.

LIFANG L. 2010. Relaciones cuantitativas entre las características de los macroporos y transporte del flujo preferencial. Soil Sci. Soc. Am. J. 74

LIN,H. S. 2003. Hydropedology. Brdging disciplines, scales, and data. Vadose Zone

LIU, G., et al. 2011. Simulating the gas diffusion coefficient in macropores network images: influence of soil pore morphology. Soil Sci. Soc. Am. J.

LUO L., H. L. 2007. Quantifying Soil Structure and Preferential Flow in intact Soil Using X-ray Computed Tomography. SSSAJ.

LUO at al, 2010 LUO et al. 2010. Quantifying soil structure and preferential flow in intact soil using X-ray computed tomography. Soil Sci. Soc. Am. J

M

MALAMOUD, K., A. B. MacBratney. 2009.Modelling how carbon effects soil structure. Geoderma.

MARSHALL, T.J. 1999. Soil physics. Published by university of Cambridge.

MARASHI, M. 2017   Estimation of soil aggregate stability indices using artificial neural network and multiple linear regression models B. MacBratney2009.Modelling how carbon effects soil structure. SJSS. Spanish journal of soil science

MOHAMMED, A. D, GIMENEZ, R. MANDEL. JAMES M. 2016. A digital morphometric approach for quantifying ped shape. Soil Science 80: 1604-1618

MOONEY S., 2009.Three-dimensional visualization and quantification of soil macroporosity an water flow patterns using computed tomography. J. Hydrol.

N

NAVEED M, 2013. Por structurel of natural and regenerated soil aggregates: an X-Ray computed tomography analysis. Soil Sci. Soc. Am. pag 377-386.

NIMMO, J. R. 2007. Theory for source-responsive and free-surface film modeling of unsaturated flow. Vadose Zone J.

P

PAPADOPOULOS, A., et al, 2009. Combining spatial resolutions in the multiscale analysis of soil pore size distributions. Vadosa Zone.

PERLACK, R. D. et al. 2005. Biomass as Feedstock for a bioenergy and bioproducts industry. Rep. ORLN/TM.

PETH, S., R. Horn, T. Donath, and A.J.M. SmucKer. et al 2008. Three- dimensional quantification of intra-aggregate pore-space features using synchrotron radiation-based microtomography. Soil Sci. Soc. Am. J.

PETROVIC, K. 1982. Soil bulk density in three dimensions by computed tomographic scanning. Soil Sci. Soc. Am. J.

PINHEIRO, S. 2018. Estabilidad del agregado del suelo: indicador visual de la salud. NCATATTRA

PINZON P. A.1991 Compactación por ganadería intensiva en algunos suelos del Caquetá. Suelos Ecuatoriales Vol. XXI.

PINZON P. A. 1993. Propiedades físicas de los suelos derivados de Ceniza Volcánica. Suelos Ecuatoriales Vol. 23 No.1.

PINZON P. A. D. Domínguez 1999. Estimación de Fractales en la Evaluación de la porosidad del Suelo.XIV Congreso Latinoamericano de la Ciencia del Suelo Chile

PINZON P. A. 2000. Evaluación de la porosidad del suelo por medio del porosímetro de mercurio. Suelos Ecuatoriales, volumen 30.

PINZON P. A. ;J. Fernández; C. Pulido. 2002. Evaluación de la porosidad del suelo por diferentes métodos. Suelos Ecuatoriales, Volumen 32 del 2002.

PINZON, A. P. 2006. Pedobiological Action of Soil Faune. En Congreso Mundial de Suelos. Philadelphia. Medio magnético

PINZON, A. P. 2008. Amazonía y agua, desarrollo sostenible en el siglo XXI. NACIONES UNIDAS. Ed. Unesco

PINZON P. A.; C. Pulido. 2002. Evaluación de la microestructura del suelo, Suelos Ecuatoriales, 2002.

PINZON, A. P. 2012. Efecto de la compactación sobre la porosidad del suelo utilizando tomografía computarizada. Suelos Ecuatoriales, rev. SCSS

PINZON, A. P. 2012.Evaluación de estructura del suelo mediante la técnica de la tomografía computarizada. En XIX Congreso Latinoamericano de suelos en Mar de Plata. medio magnético.

PINZON, A., L. Suarez.2013. Utilización del infiltrómetro de disco a tensión, en un suelo de la sabana de Bogota". Universidad de Cundinamarca

PINZON, A.P. 2014. Aplicación de la tomografía computarizada al estudio de la estructura y la porosidad del suelo. Congreso Colombiano de la ciencia del Suelo

PINZON, A. P. 2016. Efecto en las propiedades físicas de un suelo de paramo por la acción antrópica utilizando TC. Congreso Latinoamericano de la Ciencia del Suelo, Quito, Ecuador. En medio magnético

PUGET, P. R. et al., 2005. Stock and distribution of total and corn-derived soil organic carbon in aggregate and primary particle fractions for different land use and soil management practices. Soil Sci.

R

RAWLS, W. J., A. Nemes and Y.A. Pachepsky. 2004. Effect of soil organic carbon on soil hydraulic properties. Development in Soil Sci.

REDDYI, N., Y. YANG. 2005. Biofibers from agricultural byproducts for industrial applications. Trends Biotechnol.

RICARDS, L.A. 1953. Modulus of rupture as an index of crusting of soil. Soil Sci. Soc. Am. J.

RUEHLMANN, J., and M. Körschens, 2009. Calculating the effect of soil organic matter concentration on soil bulk density. Soil Sci. Soc. Am. J.

S

SAKIN, E. 2015. Relationships Bulgarian Chemical Communications, Volume 47, Number 2 (etween particle size distribution and organic carbon of soil horizons in the Southeast area of Turkey.

SALLY, B. 2017. Siete países latinoamericanos desarrollaran sistemas nacionales de información sobre suelos. FAO.

SAOIRSE T., et al. 2010. Visualizing the effect of compaction on root architecture in soil using X-ray Computed Tomography. Journal of experimental Botany 61.

SAXTON, K.E., and W.J. RAWLS. 2006.Soil water characteristic estimates by texture and organic matter for hydrologic solutions. Soil Sci. Soc. Am. J.

ŠIM NEK, J. M.van GENUCHTEN, 2008. Mathematical models have become indispensable tools for studying vadose zone flow and transport processes. We reviewed the history of development, the main processes involved, and selected applications of HYDRUS and related models and software packages. Vadose Zone.

ŠIM NEK J., M.T. van Genuchten. 2016.The HYDRUS-1D and HYDRUS (2D/3D) computer software packages are widely used finite-element models for simulating the one-and two-or three-dimensional movement of water, heat, and multiple solutes in variably saturated media, respectively. pubs.geoscienceworld.org.

STEIN, A. 2018. El suelo como Sistema ecológico.FAO

V

VOGEL, T. et al Physical and Numerical Coupling in Dual-Continuum Modeling of preferencial al flow. Vadose Zona J.

T

TANAKA, D. L., et al 2005 An integrated approach to crop/livestock systems. Renew. agric. FoodSyst.

TOOR, A. S. et al. 2016. Comparación de índices de calidad de suelos agrícolas y naturales. Ciencia de suelos Argentina.

TU R B E R, G. et al. 2014. Characterization of structural disturbances in peats by X-ray CT-based density determinations. European Journal Soil Science.

U

UTOMO, W.H., Dexter, A.R., 1981. Soil friability. J. Soil Sci. 32, 203–213.

W

WANG, W., et al. 2012. Intra-aggregate pore characteristics: X-ray computed microtomograpahy analysis. Soil Sci. Soc. Am. J. van GENUCHTEN, M. et al. (1984). Some exact solutions for solute transport through soils containing large cylindrical macroporos. Soil Sci. Soc.Am.J. 20, Pag.1303-1310.

WARKENTIN, B.P. 2008. Soil structure: A history from tilth to habitat. Adv. Agron.

WILHELM, W.W., J.M.F. Johnson. 2004. Crop and soil productivity response to corn residue removal. Agron. J.

Z

ZHOU, H., et al. 2013. Effects of organic and inorganic fertilization on soil aggregation in an Ultisol as characterized by synchrotron-based X-ray micro-computed tomography. Geoderma.

Zhuang, J., J.F. McCarthy. 2008. Soil water hysteresis in water-stable microaggregates as effected by organic matter. Soil Sci. Soc. Am. J.

Zinck, A. 2012. ITC Faculty of Geo-Information Science and Earth Observation Enschede, The Netherlands.

LISTA DE **FIGURAS**

I want morebooks!

Buy your books fast and straightforward online - at one of world's fastest growing online book stores! Environmentally sound due to Print-on-Demand technologies.

Buy your books online at
www.morebooks.shop

¡Compre sus libros rápido y directo en internet, en una de las librerías en línea con mayor crecimiento en el mundo! Producción que protege el medio ambiente a través de las tecnologías de impresión bajo demanda.

Compre sus libros online en
www.morebooks.shop

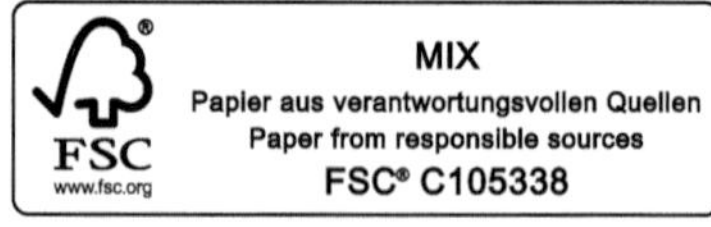

Printed by Books on Demand GmbH, Norderstedt / Germany